# DE LA RÉFORME

DES

# BAUX A FERME

PARIS. — IMPRIMERIE JOUAUST, RUE SAINT-HONORÉ, 338.

# DE LA RÉFORME

DES

# BAUX A FERME

PAR

J.-B. MARIAGE

MEMBRE DE LA CHAMBRE CONSULTATIVE D'AGRICULTURE DE VALENCIENNES
MEMBRE TITULAIRE DE LA SOCIÉTÉ D'AGRICULTURE DE LA MÊME VILLE

MÉMOIRE

COURONNÉ PAR LE COMITÉ CENTRAL AGRICOLE DE SOLOGNE
DANS LE CONCOURS INSTITUÉ POUR 1865

> Le progrès n'est pas la réalisation d'une théorie plus ou moins ingénieuse, mais l'application des résultats de l'expérience consacrés par le temps.
>
> (NAPOLÉON III, *Discours aux Chambres*, 1865.)

VALENCIENNES

LEMAITRE, LIBRAIRE-ÉDITEUR

RUE DU QUESNOY, 14 ET 16

1867

# INTRODUCTION

Tout le monde est aujourd'hui pénétré du rôle considérable que joue l'agriculture dans l'économie sociale, et il serait oiseux d'en vouloir faire ici la démonstration. Sur ce point l'unanimité est complète. Mais il reste à fixer les moyens à employer pour obtenir de cette branche d'industrie tous les services, tout le bien-être que l'on a le droit d'en attendre.

C'est là que le désaccord commence.

D'aucuns n'aperçoivent la suprême perfection que dans les améliorations des instruments de la ferme, dans un emploi plus méthodique et plus judicieux des engrais, dans un plus nombreux bétail, dans des assolements mieux entendus, dans tout ce qui, enfin, comprend la pratique agricole proprement dite.

D'autres, se jetant dans les abstractions et les déductions de principes, cherchent le rapport qui peut exister entre la valeur du capital et le travail nécessaire à sa fécondation ; ils veulent y trouver les seules causes qui retardent ou qui précipitent les améliorations agricoles.

A mon avis, les uns et les autres se trompent ; ils prennent la question par ses extrêmes.

C'est entre ces deux opinions que doit se trouver la vérité.

Les théories économiques, en ces matières surtout, sont, par elles seules, impuissantes à détruire la routine et les pratiques vicieuses. C'est du bon sens des propriétaires et de leur intérêt bien entendu qu'il faut attendre les améliorations ; c'est de l'aisance et de la sécurité des agriculteurs que l'on obtiendra l'initiative sans laquelle les meilleurs enseignements resteront des lettres mortes. L'agriculture, après tout, n'est pas une affaire de sentiment ou d'opinion ; c'est simplement le résultat nécessaire de l'intérêt que chacun, suivant les temps ou les lieux, croit devoir trouver dans un mode d'exploitation quelconque.

Est-ce à dire qu'ici la théorie doive être impitoyablement bannie? Non ; mais il m'a semblé que la question avait un côté mixte qui offrait un assez large champ aux observations, pour qu'il fût possible d'en faire l'objet d'une étude profitable et toute de circonstance.

Ni le propriétaire ni le cultivateur ne se payent de mots ; l'un et l'autre veulent des faits, et je ne serai certainement contredit par personne, quand j'affirmerai qu'un bon exemple mis sous leurs yeux fera toujours plus promptement et plus sûrement effet que toutes les démonstrations économiques, quelque savantes qu'elles puissent être.

Aussi me suis-je attaché à chercher ces exemples.

On ne peut évidemment nier que l'instruction se soit répandue dans les campagnes, et surtout là où le bail à ferme est le plus usité, et qu'elle y ait rendu possible, dans une certaine mesure, l'enseignement agronomique; mais on conviendra pourtant que, lorsqu'il s'agit de l'exploitation de la terre, on ne saurait trop se rapprocher de la simplicité et s'écarter avec trop de soin de tout ce qui sentirait la doctrine.

Le temps n'est plus cependant où on pensait qu'il suffisait de donner un champ à cultiver à un paysan pour en tirer, tant bien que mal, un produit plus ou moins rémunérateur ; on comprend que l'agriculture ne réside pas seulement dans le choix, fait avec plus ou moins de discernement, des instruments de travail, dans l'emploi plus raisonné des engrais et dans des assolements plus intelligents; mais qu'à côté de ces conditions, essentielles sans doute, il y a dans la constitution de notre système agricole, dans le *louage* enfin et dans les stipulations qui en sont la conséquence, des points fondamentaux dont l'observation, au point de vue des progrès à réaliser, est tout aussi indispensable.

Il n'est pas indifférent, en effet, que les conditions imposées par un propriétaire à son locataire soient rédigées par le premier tabellion ou par le premier agent d'affaires venu; il importe au contraire que l'on abandonne enfin ces articles surannés transmis par des copies tirées de modèles plus que centenaires et reposant, la plupart du temps, sur des routines et des coutumes d'un autre âge; il est temps de s'affranchir de ce que ces coutumes avaient d'inintelligent et d'arbitraire pour laisser au fermier une initiative qui lui appartient et qu'il faut lui laisser, si on veut obtenir de lui des améliorations qui sont peut-être dans la force des choses, mais qui se font trop attendre.

Je le répète, le temps est venu où on a reconnu la nécessité d'une alliance plus intime entre les intérêts du propriétaire et ceux du locataire, et c'est pour arriver à cette alliance qu'a été arrêtée l'idée d'un concours institué en 1864 par le *co-*

*mité central agricole de Sologne*, proposant pour 1865 un prix au meilleur mémoire traitant *de la réforme des baux à ferme de manière à concilier l'intérêt des fermiers et propriétaires désireux d'entreprendre ou de favoriser les améliorations agricoles* (1).

C'est pour répondre à cette idée que le mémoire qui suit a été entrepris, et j'ai eu la satisfaction de le voir couronner par le comité Solonais dans sa séance du 24 juin dernier (2).

Ce comité avait donc, dès 1864, pressenti la situation; il était dans la vraie voie, car l'enquête officielle instituée depuis, et qui se poursuit en ce moment sur la situation et les besoins de l'agriculture, est venue le prouver d'une manière éclatante.

---

(1) Huit mémoires ont été produits à ce concours avant le premier juin 1865; la commission chargée de leur examen était composée de

MM. Flandin, conseiller d'État, *président;*
Boinvilliers (Ernest), maire de La Motte-Beuvron;
Dumas, sénateur;
Guillaumin, député;
Labiche, propriétaire à Launoy;
Roussel, président du comice de Blois;
Tourangin, sénateur;
De Raynal, avocat général à la Cour de cassation;
Boussion, président du tribunal civil d'Orléans.

Le rapport a été fait par M. Flandin.

(2) Déjà, en 1860, nous avons publié dans un cadre plus restreint un *Essai sur l'influence que peuvent avoir les baux à ferme sur les progrès de l'agriculture;* plusieurs fragments de cet Essai trouveront naturellement place dans le présent mémoire.

Le mémoire que je présente aujourd'hui au public, quoique écrit en 1864-1865, peut donc être considéré comme une réponse *anticipée* à certaines des questions posées au pays par l'enquête.

Certes, je n'ai pas la prétention d'avoir écrit un traité d'économie politique, je ne crois pas non plus avoir résolu complétement un problème aussi considérable que celui qui est aujourd'hui posé devant la France tout entière; mais, comme le dit M. Mathieu de Dombasle, un coup de pioche suffit quelquefois pour découvrir un nouveau filon.

J'ai cherché à condenser, autant que possible, les écrits des économistes qui ont touché à la matière que le comité Solonais et l'enquête, après lui, ont eue en vue; j'y ai joint le résultat des études que j'ai pu faire tout récemment sur les lieux, soit en Angleterre, soit en Belgique, soit en France, et j'ai cru, en raison de ces études mêmes et du milieu dans lequel je me trouve, être dans des conditions suffisantes pour apporter mon humble pierre à l'imposant édifice que le siècle actuel élève au Progrès.

Ouvrier obscur de la grande famille agricole du nord de la France, fils de cultivateur, vivant à la campagne dans un pays où, quoique très-avancée, l'agriculture a encore beaucoup de progrès à accomplir ; initié de longue date aux besoins et aux aspirations de la classe la plus nombreuse, je me suis cru autorisé à élever aussi la voix, parce qu'il a été fait appel aux lumières de tous, même aux plus faibles, à celles enfin qui, selon le mot de M. Béhic, se réfugient en quelque sorte derrière la charrue.

C'est à ce titre que j'offre cet opuscule au public agricole, en réclamant son indulgence en faveur du motif qui l'a dicté.

Thiant, le 20 septembre 1866.

---

# DE LA RÉFORME

DES

# BAUX A FERME

> La fortune de l'agriculture est la fortune de tous; ses revers sont un malheur commun.
>
> ARM. BÉNIC, *Disc. de Poissy.*

## I

Depuis vingt ans l'agriculture française a certainement fait des progrès : là où le sol demeurait aride et sec, il se couvre de moissons; le bétail se transforme, il se multiplie; les productions sont nombreuses et variées à l'infini. État de l'agriculture.

Cependant l'agriculture souffre, il y a un malaise évident qui pèse sur elle : cela est reconnu et a été dit officiellement. Elle souffre.

Pourquoi? C'est la question à résoudre, question complexe s'il en fut jamais, parce qu'elle se rattache à une infinité de causes qui toutes ont une influence réelle, et qui, prises isolément, semblent au premier aspect être seules le nœud qu'il s'agit de trancher.

La France est pourtant, parmi les nations de l'Europe, du globe même, l'une des mieux douées par la nature; sa population est généralement ardente et éclairée, et malgré cela, son agriculture ne progresse pas aussi promptement qu'on Elle progresse trop lentement.

pourrait le désirer, aussi vite qu'elle pourrait peut-être le faire. On lui reproche sans cesse de ne pas marcher à l'unisson de sa sœur d'outre-Manche; on lui présente à chaque instant la culture anglaise comme un modèle à suivre dans ses transformations. On va, selon nous, beaucoup trop loin.

On lui oppose l'Angleterre.

Depuis que sont tombées, il est vrai, la plupart des barrières commerciales élevées comme autant de murailles de la Chine autour des divers pays, la prospérité d'une contrée intéresse les autres contrées. Les océans qui séparent les continents n'empêchent plus cette solidarité d'intérêts, ces relations intimes, qui sont le rêve, sinon le besoin du moment, et qui sont tous les jours rendues plus faciles et plus nécessaires par la rapidité des communications. La situation générale de l'Angleterre, qui n'est séparée de nous que par un canal étroit, était donc particulièrement intéressante, et nous avons cru devoir la comparer à celle de notre pays, afin de tirer de cette comparaison les conséquences pratiques que nécessite la thèse que nous voulons développer.

Il fallait donc comparer.

Nous entreprendrons cette étude, tout nous y invite. Pour cela, nous nous dégagerons de tout parti pris comme de tout engouement; nous nous éloignerons autant que possible de ces malencontreuses apologies quand même, qui nous font douter de notre propre génie et compromettent notre réputation autant chez nous-mêmes qu'à l'étranger. Ce qui est excellent d'ailleurs au delà du détroit, peut être très-mauvais sur le continent : tout dépend du caractère et des mœurs des deux peuples, comme de la constitution du sol et de la nature du climat. Ce n'est donc pas un modèle que nous chercherons, mais un point de comparaison.

Ce qu'était l'agriculture au XVII^e siècle.

Il fut un temps où l'Angleterre était loin de pouvoir servir de modèle, en agriculture, aux autres peuples; jusqu'au XVII^e siècle elle fut leur tributaire; à cette époque, sous le gouvernement paternel de Henri IV, c'était la France qui fournissait du pain à la population anglaise décimée par la misère et devenue vagabonde à force de souffrances et de privations. Olivier de Serres venait d'écrire son livre immortel sur l'agriculture, et l'impulsion de Sully avait permis au sol français de produire plus que le nécessaire.

Mais sous Louis XIV, nous sommes à notre tour sous la dépendance des îles Britanniques. Les grands ont déserté la province pour vivre à la cour; le nom de campagnard est devenu une injure; le cultivateur rougit de son métier, et fait tout ce qu'il peut pour soustraire son fils à ce qu'il considère comme une honte. Il en fait un clerc de procureur ou un commis aux aides; il croit ainsi lui avoir fait faire un pas dans la société. Les paysans aisés remplissent les monastères, ou, lorsqu'ils le peuvent, vont grossir l'armée en se faisant soldats. Les impôts sont énormes; il n'y a à la campagne que des *manants*; en un mot, la décadence est complète.

Un auteur resté célèbre (1) pouvait alors écrire en parlant des paysans et des laboureurs : « L'on voit certains « animaux farouches, des mâles et des femelles, répandus « dans la campagne, noirs, livides et tout brûlés du soleil, « attachés à la terre qu'ils fouillent et qu'ils remuent avec « une opiniâtreté invincible. Ils ont comme une voix arti- « culée, et quand ils se lèvent sur leurs pieds ils montrent « une face humaine; et, en effet, ils sont des hommes. Ils se « retirent la nuit dans des *tanières*, où ils vivent de pain « noir, d'eau et de racines; ils épargnent aux autres « hommes la peine de semer, de labourer et de recueillir « pour vivre, et *méritent ainsi de ne pas manquer de ce* « *pain qu'ils ont semé.* »

Plus tard, un Anglais (2) pouvait faire remarquer que, malgré les conquêtes de Louis XIV, la différence de culture formait près de Bouchain, à l'entrée de la France, une

---

(1) La Bruyère, *Caractères*, ch. XI.
(2) Arthur Young, *Voyages en France*, ch. III.

sorte de frontière répondant, non pas aux bornes tracées par la politique, mais aux anciennes limites, et distinguant le régime de la France si peu favorable à l'agriculture, du libre gouvernement des provinces bourguignonnes qui l'encourageaient.

Constitution de la propriété en France.

En France, la plupart des propriétés grandes ou moyennes sont aujourd'hui et seront encore longtemps sans doute entre les mains de propriétaires exerçant des professions libérales, ou qui, adonnés soit à l'industrie, soit au commerce, se trouvent par cette raison éloignés de leurs terres ou se sentent peu de goût pour s'en occuper. De là la nécessité de confier les propriétés rurales à des cultivateurs qui les exploitent, soit comme *fermiers*, soit comme *métayers*, soit comme *colons partiaires*.

En Angleterre.

En Angleterre, le sol appartient, presque tout entier, à ce qu'on appelle la *gentry*, et il est rare de rencontrer des cultivateurs faisant valoir leurs biens par eux-mêmes. Il y eut bien autrefois une classe assez importante d'individus que l'on appelait *yeomen* ou *freeholders*, qui ressemblaient assez à la classe mixte des fermiers du Nord, et qui, comme chez nous, avait une tendance marquée à employer ses économies à arrondir son petit domaine ; mais cette classe d'individus tend tous les jours à disparaître, par suite des ventes qu'elle fait de ses terres aux grands propriétaires, d'abord pour éviter avec ceux-ci des procès de voisinage d'autant plus onéreux et qui finissent d'autant moins que la propriété y repose sur des titres plus obscurs, et ensuite parce que les *yeomen* ont trouvé qu'ils avaient plus d'avantages à se transformer en simples fermiers.

Causes des différences dans les conditions.

A côté de la constitution de la propriété, qui est en Angleterre un si puissant véhicule vers le progrès, il faut mettre la nature du sol et l'état atmosphérique. L'humidité habituelle des Iles Britanniques, jointe à la douceur relative du climat, sont des causes continuelles et inépuisables de fertilité. Mais si la culture anglaise doit à cet état naturel sa verdure luxuriante qu'on admire, il faut savoir gré aux

Supériorité de l'Angleterre.

fermiers de ce pays d'avoir su subordonner leurs pratiques agricoles, non-seulement aux nécessités du climat, mais à la nature de leur sol. Aussi, avec quels soins les baux anglais et les coutumes ne parlent-ils pas du drainage, qui est une nécessité absolue sous leur ciel brumeux! Combien de centaines de millions n'ont pas été votés par le Parlement pour encourager ce drainage qui, il faut le reconnaître, a pris parfois un développement exagéré. Mais outre-Manche, quelques insuccès partiels n'ont point découragé les cultivateurs; ils les ont seulement rendus plus circonspects, et c'est merveille de voir ce qui a été réalisé dans ces contrées qui, partout ailleurs, seraient restées peut-être à l'état de marais improductifs.

D'un autre côté, il faut répéter que là une famille qui possède quelque argent, ne s'empresse pas de le convertir en terre, comme cela a trop souvent lieu en France. Cette famille loue une terre nouvelle, et elle y met son capital en engrais, en outils, en bétail, et c'est ainsi qu'elle force à la fécondité les terres les plus rebelles.

L'agriculture n'est pourtant pas irréprochable en Angleterre.

De ce que nous venons de dire, il pourrait paraître résulter que, pour nous, l'agriculture anglaise réalise l'idéal de la perfection et qu'il n'y a plus qu'à l'imiter, pour obtenir de celle de la France cette intensité de production qui est dans les dispositions manifestes du moment; ce serait cependant se tromper étrangement sur une opinion que nous pouvons avoir d'autant moins que nous connaissons mieux la véritable situation. Il s'en faut en effet que tous les land-lords anglais aient pour leurs tenanciers cet attachement paternel qu'on leur attribue trop généralement; tous sont loin de posséder le goût de l'agriculture, un capital suffisant et une intelligence parfaite de leurs intérêts.

Pour s'en convaincre, il suffit de traverser ces riches provinces anglaises que nous nous figurons très-volontiers ressembler à un autre Eden, mais où on rencontre trop souvent des corps de ferme tombant en ruines faute de réparations suffisantes, et des moissons plus que chétives croissant dans un champ qui attend depuis de longues années un drainage indispensable.

Nous pourrions multiplier les citations et parler de ces haies de division trop nombreuses et remplies de grands arbres dont l'ombre et les racines, comme celles des malencontreux peupliers et des ormes des routes impériales françaises, font un tort si considérable aux récoltes. Nous pourrions aussi, sans que cela fût puéril, parler des dégâts d'un gibier trop abondant que les grands seigneurs anglais font si bien conserver ; mais nous ne voulons retenir de cette étude que ce qu'il serait bon d'imiter, et nous pouvons dire, sans crainte d'être taxé d'anglomanie, qu'en agriculture surtout les trois royaumes unis offrent à nos méditations beaucoup de bons exemples.

Si, dans tout ce qui va suivre, nous nous étendons parfois avec complaisance sur certaines habitudes propres à l'Angleterre et sur la constitution de sa culture, ce n'est pas, comme nous l'avons dit au début, par un goût très-prononcé pour cette nation que, par une contradiction assez singulière, l'esprit national français admire et dénigre tout à la fois. Nous réprouvons ces tendances à une imitation, trop souvent aveugle, de ce que font nos voisins, comme nous condamnons cette rivalité et cette antipathie systématiques qu'affectent certaines personnes à l'endroit de la Grande-Bretagne ; mais, sachons le reconnaître, en France nous croyons assez volontiers qu'en tout nous sommes la première nation du monde, et nous fermons facilement l'oreille aux comparaisons qui ne nous sont pas avantageuses ; il faut pourtant dans notre intérêt savoir dire toute la vérité.

Nous sommes donc bien obligés, quoique à regret, de constater notre infériorité agricole vis-à-vis de ceux qu'on a appelés nos éternels ennemis, et de reconnaître qu'avant de construire des vaisseaux à grands frais, l'Angleterre a commencé par produire ce que devaient transporter ces vaisseaux. Elle a, par des capitaux immenses jetés sur son sol, contraint ce sol, qui originairement ne valait pas le nôtre, à fournir un produit brut qui, comparé à celui de la France, est dans le rapport de 5 à 2 o/o (1).

Sans doute certains départements français peuvent lutter aujourd'hui, par leur fertilité, avec les plus riches provinces anglaises; mais dans quelle infériorité ne trouve-t-on pas la plupart des autres départements, et avec quels efforts pénibles n'y fait-on pas de l'agriculture ?

## II

Du capital et du crédit.

Notre capital est insuffisant, et partant notre bétail inférieur.

En général notre capital est insuffisant (2), notre bétail est inférieur, et l'on n'est pas assez convaincu chez nous qu'il y a un immense avantage à préférer les belles espèces, e qu'il n'en coûte pas plus à nourrir les belles races, dont le produit net est bien plus considérable, que celui de ces espèces détec-

---

(1) M. Catineau Laroche, *La France et l'Angleterre comparées*, p. 2.

(2) M. de Gasparin estimait ainsi le capital nécessaire à l'exploitation d'un hectare.

| | |
|---|---|
| Cheptel. . . . . . . . . . . . . . . | 150 fr. |
| Fumier. . . . . . . . . . . . . . . | 130 |
| Travaux . . . . . . . . . . . . . . | 150 |
| Total. . . . | 430 fr. |

Plus une année de fermage...

De son côté, M. L. de Lavergne dit qu'avant 1848, on évaluait à 8 livres sterl. par acre ou 500 fr. par hectare, le capital nécessaire à un bon fermier.

Aujourd'hui le *High-Farming* anglais va jusqu'à parler d'un capital de 1,000 fr. par hectare, bétail, fumier, fermage et travaux compris.

Nous estimons quant à nous à 1,000 fr. le capital dont un hectare devrait être investi, et nous les décomposons ainsi :

| | |
|---|---|
| Cheptel. . . . . . . . . . . . . . . | 300 fr. |
| Fermage, engrais, labour, &c. . . . . . | 400 |
| Instruments aratoires et accessoires . . . | 150 |
| Roulement et frais divers . . . . . . . . | 150 |
| Total. . . . . . | 1,000 fr. |

tueuses et rachitiques qui ne donnent le plus souvent que des déceptions. Nous ne sommes pas assez pénétrés non plus que, si nos races de bestiaux sont chétives, nous pouvons les améliorer. L'homme n'a-t-il pas un pouvoir incontestable pour modifier les animaux, et ceux-ci ne se prêtent-ils pas avec une merveilleuse facilité à toutes les exigences des temps et des lieux, à toutes les nécessités nouvelles (1).

Non-seulement en qualité,

S'il est vrai d'ailleurs que les bestiaux consomment en proportion de leur poids, il sera vrai aussi qu'ils donneront du fumier dans la même proportion, et il est triste de voir tous les jours les économistes les plus compétents reconnaître que, quant à la production du fumier, un bœuf ou un mouton anglais valent deux bœufs ou deux moutons français.

Mais en nombre.

Sans doute aussi, l'agriculture française, sous l'influence de l'impulsion qui lui est si énergiquement imprimée par l'administration et les exemples qui lui viennent de haut, a vu s'élever à son profit la proportion du nombre de têtes de bétail et ses qualités; mais il est douteux qu'elle atteigne de longtemps une égalité de situation qui, en 1844, était chiffrée, eu égard à l'Angleterre, par le rapport de 9 à 2 2/3 (2).

De là le temps d'arrêt de notre agriculture.

Une première cause des souffrances ou du temps d'arrêt de l'agriculture est le défaut de capital, et même trop souvent de crédit. Si, en effet, le cultivateur veut investir sa culture d'un capital convenable, il faut qu'il l'emprunte, et Dieu sait à quelles conditions! Il n'a guère pour cela que deux moyens : l'usure ou l'hypothèque, deux voies également ruineuses.

Le propriétaire anglais prête à son fermier.

Il faudrait imiter certains propriétaires anglais qui prêtent à leurs tenanciers et qui s'en trouvent bien. Ils savent en effet qu'avec un capital il n'y a pas de sol stérile. Le capital (3),

---

(1) M. L. V. Cancalon, *Agriculture du Centre*, p. 19.

(2) *La France et l'Angleterre comparées*, par M. Catineau Laroche, p. 97.

(3) M. Malézieux, *Études agricoles sur la Grande-Bretagne*, p. 359.

« c'est la puissance souveraine des sociétés modernes, et « rien n'est impossible pour le cultivateur qui en dis« pose. »

Quand l'agriculture possède un capital mobilier suffisant, on voit le bétail s'accroître, non-seulement en nombre, mais en qualité; le troupeau est plus nombreux, et, par suite, les engrais plus abondants et meilleurs; le sol fertilisé se couvre de magnifiques récoltes et peut produire les plus riches moissons sans s'épuiser jamais, et cela sans qu'il soit besoin de recourir à l'antique jachère.

C'est généralement le contraire chez nous.

L'intérêt général est lié plus qu'on ne l'imagine au sort de l'agriculteur. Si on a exigé de lui son petit capital, ou si celui qu'il possède est insuffisant, il n'a plus les moyens de se procurer et d'entretenir ce bétail qui lui est indispensable, et qui fournirait non-seulement de la viande en abondance, mais ces engrais qui sont la source première de toute fertilité. Ne parlez pas à ce cultivateur aux abois de machines à battre, de faucheuses mécaniques, de moissonneuses, etc., à l'aide desquelles il réalisera des économies; ne lui faites pas non plus l'histoire des Webster, des Jh. Allom, des Bakewell, des Colling, des Tonkins, des Ellmann et de tant d'autres dont l'Angleterre est fière : pour lui les belles races d'animaux de Canley, de Leicester, de Dishley, de Durham, de Hereford ou de Southdown, sont des mythes, des impossibilités auxquelles il ne peut atteindre.

Conséquences.

Est-ce à dire que pour ce cultivateur endetté il n'y ait pas de perfectionnements possibles? est-ce à dire qu'il sera tout à fait indifférent aux merveilles qui l'entourent? Non, il a au contraire parfaitement compris, il a vu fonctionner toutes vos machines; il a admiré, dans vos concours, ces puissants animaux, ces races magnifiques, produits des perfectionnements indigènes ou des importations étrangères; il en a apprécié l'importance, mais il a en même temps senti son impuissance, car, pour se procurer tout cela, pour marcher enfin avec le siècle, il lui faudrait de l'argent, il lui faudrait le capital qu'il n'a pas ou qu'il n'a plus; là est tout le mal.

A partir de ce moment, il ne se regardera pas comme l'un des membres actifs de cette grande ruche agricole de laquelle dépend la prospérité de tous; il se considérera comme un paria de l'agriculture; pour lui, il n'y a pas de progrès, il faut qu'il continue à se traîner dans l'ornière de la routine, pour arriver infailliblement, sinon à la ruine, au moins au point d'où il est parti.

L'agriculture n'est pas, comme on l'a dit, le métier du pauvre.

Il faut savoir le dire : on a trop longtemps pensé que l'agriculture n'avait pas besoin de capitaux, et ces temps ne sont pas loin de nous où, chantée par les poëtes, elle ne semblait faite que pour les églogues, les idylles et les pastorales. On vantait beaucoup les efforts du laboureur, la vie des champs et la simplicité rustique dans des écrits d'un style fort pompeux. Ces éloges enrubannés et fleuris jetaient les habitants des villes dans une grande admiration pour les travaux de l'agriculture qu'ils ne connaissaient pas, car ils n'étaient en honneur que dans les livres et on les dédaignait tout en les célébrant. On disait sur tous les tons que c'était par excellence le métier du pauvre, et que le plus beau fleuron de la couronne de l'agriculteur, c'était précisément sa médiocrité. En un mot, on ne tarissait pas sur les félicités de la chaumière. Ce lyrisme n'est plus de notre époque; en parlant ainsi, on ne voyait pas que la quiétude apparente du cultivateur n'était que de l'engourdissement, qu'il fallait le tirer de son apathie et lui en fournir les moyens.

C'est une industrie.

L'agriculture aujourd'hui a cessé d'être un motif à bucoliques; elle ne rentre plus dans le domaine poétique; elle n'appartient plus aux écrivains de style : c'est de l'économie sociale, c'est de la comptabilité. Comme l'industrie, elle a besoin du nerf du crédit. Tout le monde maintenant reconnaît cette vérité, et nous n'en voulons pour preuve que cette déclaration solennelle du chef de l'État, s'écriant du haut de son trône, le 5 janvier 1860 : « Il faut faire participer l'agriculture aux bienfaits des institutions de « crédit. »

Elle a besoin de crédit.

Avec le crédit, répétons-le, nous verrons le bétail augmenter dans des proportions merveilleuses, et, comme l'a dit un auteur (1) que nous aurons bien des fois occasion de citer : « L'état du bétail est le signe certain de l'état « de l'agriculture. Lorsque, dans un voyage, vous êtes « frappé du nombre et de la beauté des bêtes à cornes qui « s'offrent à vos regards, n'hésitez pas à dire que des culti- « vateurs industrieux savent habilement tirer parti du sol « qui leur est confié. »

L'Angleterre nous offre de nombreux exemples d'institutions de crédit, dont le rôle spécial est de fournir à l'agriculture les sommes qui lui sont nécessaires; et l'Écosse, particulièrement, possède trois ou quatre cents banques qui répandent à flots sur cette branche d'industrie nationale les bienfaits de leurs capitaux.

Le crédit existe chez nos voisins.

Chez nous, rien de tout cela n'existe. Les essais qui ont été faits dans ce sens ont tous dévié de la route qu'on se proposait de leur faire suivre. Il ne pouvait en être autrement. Une banque telle qu'on l'entend en France ne peut prêter à longs termes; ce n'est que par le renouvellement incessant des capitaux qui lui sont propres ou qui lui sont confiés qu'elle peut exister et donner des résultats.

Il n'existe pas en France.

Or l'agriculture ne peut emprunter pour trois mois ou pour six mois. Les renouvellements lui sont impossibles; il lui faut de longs délais et de grandes facilités pour se libérer; car, suivant M. Wolowski :

Pourquoi.

« Le cultivateur marche le plus souvent à la ruine quand « il emprunte : il est hors d'état de rembourser à l'échéance, « et il se trouve saisi dans l'engrenage de renouvellements « onéreux. »

Pour obvier à cette situation bien connue, puisqu'elle était signalée par M. Wolowski en 1849 dans les termes que nous venons de rapporter, on institua le Crédit foncier,

(1) M. Malézieux.

institution admirable qui fait que les emprunts, par l'amortissement y attachés, renferment en eux une force qui, agissant sans cesse au profit du débiteur, grandit, use la dette et finit par l'anéantir. Mais, disons-le sans crainte, parce que nul ne l'ignore, ces avantages sont peu connus. Ils ne peuvent profiter à la culture proprement dite, parce qu'elle n'est pas propriétaire et qu'un propriétaire seul peut offrir un gage : comme les institutions qui l'avaient devancé, comme celles qui, sous des *dénominations agricoles*, l'ont suivi, le Crédit foncier s'est écarté de son but, et il est venu aider principalement aux grands embellissements des villes.

Il est donc permis d'affirmer que le crédit agricole n'existe pas. Nous essayerons tout à l'heure de démontrer qu'il est facile de le créer.

## III

De l'absentéisme.

En dehors du défaut de capital et d'institutions suffisantes de crédit, on a cité l'*absentéisme* comme une des causes du marasme de l'agriculture. Il est rare en effet de voir un propriétaire français résider dans ses domaines, et il en est beaucoup qui n'ont jamais vu leurs fermiers. Tous ou presque tous résident dans les grandes villes, et occupent des positions qui forcément les y retiennent.

Le propriétaire anglais réside à la campagne.

En Angleterre au contraire, la grande Elisabeth, en fixant sa résidence habituelle à la campagne, avait su inspirer à l'aristocratie de son pays cet amour de la vie rurale qui est un des côtés caractéristiques sous lesquels il faut envisager les propriétaires anglais.

Il est vrai que le sol anglais, son niveau par rapport à celui de la mer, la prédominance de certains vents et sa constitution géologique, invitaient le peuple tout entier à se porter tout d'abord vers l'agriculture plutôt que vers toute autre industrie; mais on ne peut nier que l'une des causes principales des progrès que cette agriculture y a faits, réside dans le goût prononcé que possède le peuple *tout entier* pour la campagne.

La partie la plus intelligente et la plus instruite y demeure volontiers, et on peut dire que la noblesse, plus encore que la bourgeoisie, se détache difficilement des verts cottages où elle passe sa vie. Un des côtés saillants du penchant des Anglais pour la vie rurale, c'est qu'il est du plus suprême bon ton d'être né à la campagne, et les familles riches prennent leurs précautions pour que leurs héritiers ne naissent pas en ville.

On pourra trouver ce soin et cette prévoyance puérils ; nous ne les rapportons que parce qu'ils peignent la situation d'un seul trait.

Le goût de la verdure et de la retraite se fait si fortement remarquer au delà de la Manche, que les grandes villes elles-mêmes sont parsemées de squares ou places plantées d'arbres et de fleurs, et quiconque a eu occasion de visiter Londres n'a pas été peu surpris de voir les moutons paître dans Hyde-Park aussi tranquillement que dans les vastes plaines de la Champagne, et cela malgré le bruit incessant des innombrables voitures qui vont et viennent dans les rues.

Le temps n'est pas bien éloigné au contraire où, en France, les fils de famille reconnus incapables de quoi que ce soit étaient dirigés vers l'agriculture, comme si cette profession ne demandait aucune intelligence (1).

Les propriétaires français résident dans les villes.

Sous l'ancien régime, en 1788, un seigneur écrivait déjà (2): « Il est temps, il est nécessaire de songer à rappeler dans les « campagnes les seigneurs des terres, dont la présence est un « astre qui répand la bienfaisance, le bonheur ou l'aisance.

---

(1) Dans certaines provinces, l'ambition d'un gros cultivateur est d'avoir un fils curé ; en Normandie, son dada est d'avoir un fils marchand. Les plus ineptes sont destinés à continuer l'état de leur père. (L. Moll, *Excursions agricoles*, p. 33.)

(2) Rougier de la Bergerie, *Recherches sur les abus qui s'opposent aux progrès de l'agriculture*, p. 108.

« Alors, les ouvriers travaillent, les denrées augmentent en « valeur, les métiers, les arts fleurissent : enfin, le luxe « même y répand un argent qui fructifie au centuple, et qui « est perdu pour l'agriculture lorsque le seigneur des terres « demeure à Paris. » Il ajoutait : « Il y a en France plus de « 80,000 châtellenies ou marquisats; il n'y a pas trois cents « seigneurs qui les habitent; ainsi des autres terres ti- « trées. »

Il en est exactement de même aujourd'hui. La plupart du temps, le maître ne donne signe de vie et n'apparaît dans sa propriété que comme le *Deus ex machina,* pour partager la récolte quand elle est abattue, ou l'argent provenant des bestiaux quand ils sont vendus (1).

Conséquences de ces différences d'habitudes.

En Angleterre, la véritable habitation des riches est à la campagne; c'est là que se donnent les fêtes et que l'on fait les réceptions. La maison de ville n'est qu'un pied à terre, et quiconque possède une habitation rurale ne manque pas, en donnant son adresse, de l'indiquer comme sa résidence habituelle. Tout, au surplus, contribue à fortifier de semblables goûts : non-seulement on a imaginé la classe des *gentlemen farmers*, qui est une aristocratie essentiellement agricole; mais le plus riche propriétaire d'un comté est généralement *lord lieutenant;* ceux qui viennent après sont juges de paix, et si la couronne s'est réservé le droit de nomination à ces emplois, ce n'a été que pour ne pas abandonner des prérogatives dont elle n'use que par pure formalité.

On le voit, l'aristocratie anglaise est essentiellement territoriale, et on comprend qu'avec ces dispositions, les propriétaires n'hésitent pas à confier à l'agriculture les capitaux qui lui sont indispensables, tandis que le propriétaire français les fait soigneusement fructifier dans l'industrie, où il

---

(3) M. Querqui, agriculteur vendéen, *Journal d'agriculture pratique*, 1864, t. I, p. 15.

trouve quelquefois un revenu plus grand, mais toujours moins de sécurité.

Si, dans un travail comme celui-ci, le lyrisme était permis, on pourrait énumérer les tendances très-caractéristiques de la littérature anglaise à faire, surtout et avant tout, l'éloge de la vie champêtre; on pourrait remonter à Shakespeare, parler en passant de Thompson et de son poëme des *Saisons*, et arriver avec Gray, ses élégies et ses odes, jusqu'à Walter Scott qui est un contemporain.

## IV

De la vicinalité.

Inégalité de sa répartition.

Toute question agricole doit être envisagée, non-seulement au point de vue du propriétaire et du fermier, mais au point de vue de la production générale. Il semble donc qu'à ce titre le propriétaire et les locataires ne doivent pas être les seuls à apporter leur concours pour modifier une situation qui, de l'avis de tous, a besoin d'être améliorée. Sous ce rapport, la participation de l'État nous paraît nécessaire.

Nul ne contestera l'influence énorme des routes et des chemins sur les progrès agricoles, et il est évident que les différentes contrées de la France sont, en fait de vicinalité, très-inégalement réparties. M. Léonce de Lavergne nous enseigne (1) que les routes impériales sillonnent la France d'une manière assez égale, pour ne pouvoir donner lieu à aucune critique; mais il nous apprend en même temps que les routes départementales présentent plus d'inégalité.

Tous ceux qui ont parcouru la France avec le désir de se rendre compte de l'état de l'agriculture ont été, comme nous, frappés de la pénurie que présente la petite vicinalité

(1) *Économie rurale de la France*, p. 454.

dans une grande moitié de notre pays, et ont pu remarquer que cette pénurie était surtout considérable dans les pays à métairies. Un récent rapport du ministre de l'intérieur a prouvé que la petite vicinalité était d'autant plus parfaite que les départements étaient plus riches; et on peut dire que là où l'agriculture est arriérée, les chemins sont vraiment dans un état déplorable.

Causes principales de cette inégalité.

La cause principale de cette infériorité des pays pauvres sur les pays riches, en ce qui concerne la vicinalité, consiste en ce que les routes départementales et les chemins vicinaux étant construits et entretenus par des taxes locales, ces routes et ces chemins sont d'autant plus nombreux et d'autant meilleurs que le produit de ces taxes est plus considérable. Pour ne citer qu'un exemple, que nous empruntons à M. Léonce de Lavergne, nous ferons remarquer que la moyenne annuelle d'un centime additionnel aux quatre contributions directes, qui en 1854 était de 91,000 francs dans la Seine-Inférieure, n'était que de 7,000 francs dans les Hautes-Alpes. Or, tout en reconnaissant que la loi de 1836 avait transformé la France et considérablement aidé aux progrès de l'agriculture, M. le ministre de l'intérieur, dans le rapport que nous citions tout à l'heure, disait qu'avec leurs seules ressources, la mise en état de viabilité d'un grand nombre de départements était chose impossible.

Son influence.

En envisageant donc l'agriculture dans ses rapports avec l'intérêt général, on est amené à conclure que, pour les départements pauvres, et en particulier pour ceux où le metayage est généralement pratiqué, l'intervention de l'État est une nécessité de premier ordre, et qu'il y a là en jeu un grand intérêt national.

A nos yeux la bonne viabilité est l'un des plus puissants leviers que l'on puisse mettre en œuvre; elle sera la cause dominante et le moyen pratique qui mettront en rapports fréquents les grands propriétaires du Centre et leurs métayers, et qui rendront possible cette connexité d'intérêts qui est seule capable d'amener la grande transformation à laquelle tout le monde aspire (1). Elle permettra le transport des engrais; elle facilitera les amendements; elle ouvrira les débouchés aux produits. Sans viabilité enfin, il n'est pas besoin d'insister là-dessus, il n'y a pas d'agriculture possible.

## V

Les systèmes ont trop souvent l'inconvénient grave de conduire à des idées absolues, et de nous empêcher de voir les situations sous leur véritable jour. Ils ont le tort de généraliser les questions au point que petit à petit ils s'érigent en axiomes, et sont reçus par le vulgaire comme des vérités tellement incontestables qu'elles n'ont plus besoin d'être examinées.

De la division du sol.

Tel est le problème qui se rattache à la division du sol. On le croit résolu, et il semble que la cause des souffrances de l'agriculture réside dans le morcellement de la propriété. Ici, comme toujours, on cite l'Angleterre; on dit que c'est un pays où la grande culture règne sans partage et qu'elle lui doit sa prospérité.

C'est encore là une erreur qu'il convient de détruire.

En Angleterre.

Tout chez nos voisins a, ainsi que nous l'avons déclaré, contribué à élever l'agriculture au niveau où elle se trouve; et à côté des causes que nous avons énumérées, il faut certainement placer la constitution de la propriété. Le sol appartient tout entier à la *gentry*. Chez nous, il en est de même dans beaucoup de cas; mais il faut reconnaître que, si en Angleterre le mouvement de concentration de la propriété rurale

(1) Si les propriétaires ne se fixent pas davantage dans leurs terres, s'ils n'y font pas des visites plus fréquentes, et si l'agriculture ne progresse pas, c'est parce que le pays manque de communications. (*De l'agriculture et de l'industrie du Nivernais*, par M. le marquis de Chambray. Paris, 1831. Huzard.)

entre un petit nombre de mains est aussi vif que jamais, en France depuis la révolution, au contraire, la terre tend constamment à se diviser et la propriété à changer de mains.

Chez nous les capitaux ne veulent plus demeurer immobilisés, ils trouvent des facilités énormes pour leur placement dans des combinaisons financières que nous n'avons pas à apprécier ici. Il y a des primes, des lots, des avantages que ne présentent pas les terres; rien donc d'étonnant à la substitution des propriétaires qui s'opère et à la division qui ne fait que s'accélérer.

Oui, l'Angleterre est un pays de grandes propriétés, mais il ne faut pas en inférer qu'elle est un pays de grande culture, et à part l'Irlande, que pour de bonnes raisons nous tiendrons en dehors de notre examen, on peut dire que la Grande-Bretagne est un pays de culture moyenne. M. Léonce de Lavergne estime que les fermes de la seule Angleterre occupent en moyenne 60 hectares (1), et il ajoute qu'à côté des domaines de Wilts, de Dorset, de Lincoln et d'York, ayant plusieurs centaines et même plusieurs milliers d'hectares, on trouve une foule de fermes plus que modestes de douze, de dix et même de quatre hectares. Mais enfin le sol appartient à la noblesse, qui s'est complétement identifiée à la nation et qui vit une grande partie de l'année sur ses terres.

En France. En France la culture est certainement plus divisée, et il est peut-être convenable qu'il en soit ainsi, le capital lui-même étant relativement dans un plus grand nombre de mains; il est certain, quoi qu'on en dise, qu'en beaucoup d'endroits la petite culture à bras est chez nous assez florissante. Le travail s'y fait sans frais, et le produit brut peut, au fond, être regardé comme un produit net.

En Belgique. La Belgique, notre voisine, offre peut-être des exemples de plus grandes divisions encore; les Flandres particulière-

---

(1) *Économie rurale de l'Angleterre*, p. 115.

ment sont coupées par parcelles infinies, et cependant le produit de ces parcelles peut être regardé comme atteignant le *maximum*.

La culture trop divisée présente pourtant de graves inconvénients : elle occasionne des pertes de temps et de denrées, et elle est un obstacle sérieux aux améliorations foncières qui nécessitent des travaux d'ensemble ; néanmoins l'excès contraire n'est pas à désirer : la trop grande culture est d'une surveillance difficile, et rend les fautes que l'on y commet d'autant plus funestes à la prospérité publique, que ces fautes se multiplient par le nombre d'hectares qui y sont soumis. N'est-ce pas d'ailleurs dans les départements à grandes propriétés que notre agriculture est le plus en retard ? N'est-ce pas au contraire dans nos provinces à culture divisée qu'elle progresse le plus ? Il y a là un fait contre lequel vienneut en vain se heurter les meilleures et les plus éloquentes théories.

Les exploitations moyennes paraissent donc être celles qui donnent au fermier comme à l'alimentation les résultats les plus assurés. C'est chez elles que l'élève du bétail est la plus intense et où la proportion du nombre d'animaux est la plus élevée par rapport aux exploitations.

L'usage des procédés perfectionnés n'est pas, ainsi qu'on l'affirme, le propre de la grande culture ; il appartient aussi à la culture moyenne et même à la petite culture, lorsqu'elles sont éclairées.

En ces matières, il y a un grand danger à vouloir poser des règles, chacun se constituant toujours suivant son intérêt particulier ; et l'intérêt général après tout étant la somme réunie de ces intérêts particuliers (1), nous ne saurions, dans un désir irréfléchi de voir arrêter le morcellement, proposer comme on l'a fait (2) des remèdes résidant dans des restric-

---

(1) *Considérations sur le morcellement de la propriété territoriale*, par M. le vicomte de Morelle-Vindé.

(2) *Observations sur le projet de code rural*, par MM. Chévrier-Corcelles et A. Puvis, p. 50. Paris, veuve Huzard, 1836.

tions et des empêchements dont une loi spéciale serait la sanction.

Il faut laisser à l'initiative des particuliers le soin de discerner leur plus grand bénéfice, et abandonner cet esprit de réglementation qui nous a trop longtemps guidés, et qui voudrait prendre l'homme à sa naissance pour le diriger dans toutes ses actions pendant sa vie.

La part de responsabilité de l'État dans la direction de nos intérêts est déjà assez forte pour que nous ne sentions pas la nécessité de l'augmenter encore.

## VI

Du bail ou louage.

Les considérations que nous avons présentées sur le crédit agricole, l'absentéisme, la vicinalité et le morcellement de la propriété, quoique assez longues, étaient nécessaires pour la démonstration que nous avons entreprise. Le défaut de crédit, comme les autres causes d'infériorité que nous avons successivement examinées, bien que dans l'espèce elles puissent être regardées comme n'étant qu'accessoires, découlent d'un vice initial qui réside dans la constitution de notre agriculture.

Quoi que l'on fasse et à quelque point de vue que l'on se pose, l'agriculture est solidaire de tout ce qui affecte le sol, base naturelle de son existence, et il nous a paru particulièrement intéressant d'examiner les conditions d'exploitation de ce sol, les changements opérés dans ces conditions depuis que la fortune publique a commencé à se transformer, comme de faire la comparaison des différents usages qui président à l'exploitation de la terre, non-seulement en France mais en Angleterre, puisqu'il faut toujours en venir à cette comparaison. Il importe, en effet, d'étudier le véritable *titre* du cultivateur, c'est-à-dire le *bail* ou *louage* dans son passé, dans son présent et dans son avenir, de s'assurer si les rapports de l'*exploitant* avec le propriétaire sont bien ce qu'ils doivent être, et si ce bail ou louage ne contient pas en lui-même la clef de la situation; si, enfin, ce ne serait pas dans sa réforme qu'il serait possible de trouver le remède ou l'un des remèdes que l'on cherche.

Nous le croyons, et c'est dans cet ordre d'idées que nous poursuivrons cet examen.

« Le louage est un contrat par lequel l'une des parties « s'oblige à faire jouir l'autre d'une chose, pendant un cer« tain temps, et moyennant un certain prix que celle-ci s'o« blige de lui payer. » Définition.

Telle est la définition du bail en général, que nous donne l'article 1709 du code civil, qui lui-même l'avait empruntée à l'ancien droit et particulièrement au droit romain (1).

Le louage, en effet, est aussi ancien que la propriété elle-même, et l'histoire nous montre qu'il s'est développé et qu'il a grandi au fur et à mesure que les mœurs des temps barbares ont fait place à celles de la civilisation.

Le contrat de louage, a écrit M. Troplong, dans la préface de son traité sur cette matière (2), est un de ceux qui exercent le plus d'influence sur la prospérité publique: il associe aux jouissances de la propriété ceux qui ne sont pas propriétaires; il est le nerf de l'agriculture, cette mère nourrice des États. Son importance.

Cette appréciation du contrat de louage suffit pour en faire sentir toute l'importance, et on conçoit qu'en raison de cette importance on ait cherché, dans tous les temps, le mode et la forme que, selon les lieux, les habitudes et les mœurs, il convenait le mieux d'adopter ou de donner aux contrats qui, dit Montesquieu, doivent avant tout s'appliquer le plus exactement possible aux besoins et aux mœurs des peuples pour lesquels ils sont faits (3).

---

(1) *Institut.*, lib. III, tit. 25.
(2) Troplong, *Du louage*, préface, p. 14.
(3) *Esprit des lois*, livre XVIII.

Dans tous les baux, en effet, il y a trois grands intérêts en présence : celui de la *production* en général, celui du *propriétaire* et celui du *fermier*.

Ce sont ces trois intérêts, aussi respectables l'un que l'autre, qu'il s'agit de sauvegarder avec une égale sollicitude, et c'est à leur combinaison que la science agricole doit pourvoir.

Les formes logiques du bail, dit M. de Gasparin, « sont « comme celles d'un discours, elles ont leurs principes (1); » et c'est faute d'en connaître les justes applications, que l'on tombe dans le grave inconvénient d'arrêter dans son essor une industrie essentiellement perfectible et offrant des ressources pour ainsi dire sans limites.

Le bail ou louage est, par sa nature, le contrat dont l'application touche le plus intimement la classe la plus nombreuse et la plus intéressante : car on peut dire qu'il n'y a pas de classe d'hommes plus morale et mieux trempée que celle des agriculteurs. De la juste pondération des intérêts du propriétaire et de ceux du tenancier, il peut résulter des bienfaits incalculables pour la prospérité publique, et une augmentation incessante des produits si divers que l'on peut demander au sol. On voit par là combien l'application rationnelle des théories du bail avec une saine pratique offre d'intérêt et de difficultés, et combien il est essentiel de rechercher ce que la théorie et la pratique ont de conciliable pour atteindre toute l'intensité de la production.

Mais le louage lui-même se manifeste sous différentes formes; *le métayage* et *le colonat* ; *le bail à ferme* ou *fermage*.

Des formes sous lesquelles il se manifeste.

Nous l'envisagerons donc sous ce double point de vue, et nous essayerons, en faisant un court historique de ces deux modes de location et des stipulations auxquelles ils donnent lieu outre-Manche et chez nous, de montrer ce qu'il faut

(1) *Fermage*, par de Gasparin, IVe partie, chap. II.

préconiser dans l'intérêt général; nous nous efforcerons aussi de discerner ce qui, dans les usages anglais ou français, doit être préféré, pour arriver à la solution du problème qui consiste dans *la réforme des baux à ferme, conciliable avec l'intérêt du fermier et du propriétaire, et l'entreprise des améliorations agricoles.*

## VII

Du métayage et du colonat.

Nous avons dit que le louage était aussi ancien que la propriété et que ses progrès dataient de ceux de la civilisation.

Les anciens connaissaient, comme aujourd'hui, deux systèmes principaux d'exploitation : 1° celui par des *fermiers*, 2° celui par des *colons partiaires.*

Ce qu'était le métayage.

Le *métayage* actuel ne diffère pas sensiblement du métayage ancien. Il fut, selon toute apparence, la transition à l'aide de laquelle on passa de l'exploitation servile à celle plus avancée par fermier.

Il fut, de tout temps, l'apanage des départements où le paysan est pauvre et sans capitaux (1).

Ce qu'il est.

Dans ce système, non-seulement le propriétaire met en commun la jouissance de sa terre, mais il fournit encore, presque toujours, le bétail nécessaire à l'exploitation. Le propriétaire fait face à tous les grands frais de culture; le métayer ne fournit que son travail et ses soins; il ne hasarde que ses peines, il vit, avec une sécurité qui approche trop souvent de la nonchalance, sur le champ qu'il cultive, dispensé qu'il est, le plus souvent, de payer au maître de l'argent et même d'acquitter les impôts.

---

(1) *Coutumes d'Anjou*, art. 104. — *Coutumes du Maine*, art. 117. — *Coutumes du Berry*, t. V, art. 15; t. IX, art. 31 et suiv. — *Coutumes du Nivernais*, ch. XXXII.

Le colonage partiaire, en un mot, paraît reposer tout entier sur cette idée, que le paysan n'a pas d'argent et qu'il ne faut pas lui en demander.

Nous ne savons si une telle position est si commode pour l'agriculteur qu'on a bien voulu le dire, si elle lui laisse réellement une jouissance exempte des inquiétudes qui, nous en convenons, assiégent souvent le cultivateur fermier; mais il nous paraît qu'elle est de nature à perpétuer une indolence et un laisser-aller qui sont d'autant plus grands que les risques sont moindres.

Opinion de M. de Gasparin

M. de Gasparin, qu'avec raison on regarde comme une autorité en ces matières, a bien, il est vrai, dans son traité sur le métayage, préconisé en quelque sorte la solidarité d'intérêts qui existe entre le propriétaire et le colon; mais en le faisant il se posait à un point de vue que nous ne saurions admettre « ... courir ensemble les mêmes chances, dit cet « illustre agronome, craindre les mêmes fléaux, se réjouir « des mêmes événements, pleurer les mêmes pertes, c'est éta- « blir une confraternité qui ne laisse pas prise aux mau- « vaises passions. »

A notre avis, M. de Gasparin voyait les choses de trop haut. Il s'en faut en effet que, dans la pratique, le système du colonat mette le propriétaire et le métayer dans un état de confraternité aussi désirable. Le propriétaire, qui, la plupart du temps, ne réside pas sur son domaine, a un représentant, un homme d'affaires, pour procéder au partage des fruits, pour les emmagasiner, pour les vendre et surtout pour surveiller la gestion du colon, « qui n'est pas toujours un fi- « dèle associé (1). »

Les sous-traitants.

Il y a même souvent, entre les deux parties, quelque chose de bien pire qu'un représentant du propriétaire; il y a ce qu'on appelle improprement *un fermier*, mais qui, en réalité, est un entrepreneur à forfait, c'est-à-dire un être

(1) Troplong, p. 95.

parasite du colonat, qui s'interpose entre le propriétaire et le cultivateur, désaffectionne le premier, désespère le second, appauvrit la terre, et couronne trop souvent par sa propre ruine les résultats déplorables de son intervention.

Opinion de M. Méplain.

M. Méplain, dans son *Traité du bail à portion de fruits* (1), a fait, de ce fermier sous-traitant, le tableau le plus repoussant, et nous pouvons croire à l'exactitude de ce tableau, car l'auteur est très-compétent pour le tracer. Juge au tribunal de Moulins, c'est-à-dire dans un pays où le colonage est général, M. Méplain a pu, plus que tout autre, en apprécier les effets, et il a caractérisé d'une façon précise cette prétendue confraternité que M. de Gasparin avait entrevue, et qui, malheureusement, n'était qu'une fiction de son imagination généreuse. « Cette association du propriétaire, du « fermier et du colon, est déplorable, dit M. Méplain : c'est « la combinaison la plus funeste qu'on puisse rencontrer; et « pourtant, il faut l'avouer encore, dans le pays où le culti- « vateur est ignorant et misérable, elle seule semble pouvoir « procurer au propriétaire la sécurité qu'il exige avant « tout. »

Antagonisme du propriétaire et du colon.

Nous ne suivrons pas M. Méplain dans les développements qu'il a donnés aux raisons qui lui font regarder le bail à portion de fruits comme étant peu désirable; mais, à côté de son opinion, nous en mettrons d'autres qui viendront la corroborer. La première émane d'un régisseur de biens soumis au métayage, de M. Ludovic Maurial, élève de Grignon et auteur d'un traité estimé sur l'agriculture du Périgord. M. Maurial dit : « L'antagonisme presque per- « manent (les exceptions sont fort rares) qui existe entre « le propriétaire et son métayer est une chose commune. « Si le propriétaire veut une opération, le colon a toujours « des raisons péremptoires pour s'y opposer, ou tout au

(1) *Traité du bail à portion de fruits*, par M. Méplain. Moulins, 1850, imp. de Desrosiers.

« moins pour l'éluder ; si, au contraire, c'est le colon qui la « propose, c'est au tour du propriétaire de faire opposition. »

Un autre auteur, qui a écrit sur l'agriculture du Centre (1), dit : « Le colonage offre de grands inconvénients : presque « toujours il s'établit entre le propriétaire et le colon, un « antagonisme fatal aux intérêts des deux parties. » Et M. de Gasparin lui-même ajoute que le métayage est d'autant plus imparfait que l'unité de vues y fait défaut, et qu'il y existe toujours deux mobiles d'action qui se contrarient (2).

Frappé par les raisons et les arguments de ces auteurs, nous avons voulu voir, sur les lieux, les résultats d'un système que nous ne connaissions que par ouï dire ; et, comme eux, nous avons pu non-seulement constater l'antagonisme

Misère du colon.

dont ils se sont faits les dénonciateurs, mais reconnaître que, dans certains pays, c'est chose convenue qu'il ne doit rester au colon que le nécessaire, c'est-à-dire le nécessaire le plus étroit. « Le nécessaire du colon, dit M. Méplain, c'est, pour « se couvrir, des haillons ; pour se nourrir, du pain noir, « des pommes de terre et de l'eau. » Il ne faudrait donc pas imputer à faute au colon l'apathie qu'il montre, car la force et l'énergie de l'homme sont, en général, en raison de son alimentation, et cette alimentation doit être en rapport avec le travail qu'il doit faire.

Le métayage en Italie.

M. de Sismondi, quoique partisan du métayage (3), avoue qu'en Italie la classe des propriétaires élève de vives plaintes contre le système du colonage, et songe à le remplacer par le fermage. Mais pour arriver à ces combinaisons, il serait nécessaire d'avoir pour auxiliaire une classe agricole aisée

Opinion de M. Troplong.

et entreprenante, et M. Troplong établit, dans son traité *du Bail* (4), que le bail à colonage n'existe précisément que parce que cette classe indépendante ne s'y trouve pas.

---

(1) *Agriculture du Centre*, par M. L. V. Cancalon, p. 27.
(2) De Gasparin, *Fermage*, p. 21.
(3) *Études sociales*, t. I, p. 317.
(4) Page 97.

M. Troplong, que l'on ne saurait trop citer, va d'ailleurs beaucoup plus loin; il pose en fait que la sécurité du métayer favorise l'esprit de routine, trop naturel au paysan; qu'elle l'entretient dans un état d'immobilité aussi nuisible à son bien-être qu'à l'agriculture. Il ajoute, ce qui n'est malheureusement que trop vrai, que quand le paysan n'est pas excité par un puissant mobile, il se laisse aller à des habitudes qui excluent le progrès et les douceurs de la vie. Le métayage et la routine.

Or, comme le bail à colonage donne au métayer ce qui lui suffit, c'est-à-dire le logement, la nourriture pour lui et sa famille, du travail sans hasard et quelquefois de petites épargnes, il vit paisiblement, trop paisiblement même; mais il ne progresse pas, il se maintient, de génération en génération, dans un état stationnaire qui, s'il n'est pas toujours la pauvreté, n'est jamais l'aisance. Le peu d'ambition que n'a point le métayer pour lui-même, il ne l'a pas non plus pour l'agriculture. Il ne s'écarte jamais des pratiques établies, l'innovation ne lui est d'ailleurs point permise, et, l'initiative ne lui appartenant pas, il ne hasarde jamais pour l'inconnu une position fixe et certaine (1).

Nous avons dit que le bail à colonage avait dû être la transition entre le travail servile et l'exploitation par fermier. Ce dernier mode d'exploitation serait donc, pour les Opinion de quelques autres écrivains.

---

(1) M. A. Puvis, dans un ouvrage sur l'agriculture du Gâtinais, de la Sologne et du Berry, publié en 1833, s'exprime ainsi, page 97, sur le compte du métayer : « On conçoit qu'un pareil état de choses ne tend « pas à développer l'énergie ni parmi les manœuvres ni parmi les mé- « tayers; ils n'entrevoient aucun moyen de sortir de leur position, ils « ne songent qu'à la conserver, et ce sentiment, qui n'est pas sans « quelques compensations, n'est pas un moyen de progrès.

« Les conditions du métayer sont douces comme ses habitudes, il « vit frugalement, mais sans peine; son travail nourrit et élève sa fa- « mille; mais il vit au jour le jour, s'occupe peu de l'avenir, dans le- « quel il espère un temps pareil au temps présent. Les générations « de fermiers et de manœuvres se succèdent dans le même domaine, « sans que les enfants soient plus riches ou plus pauvres, plus igno- « rants ou plus habiles que leurs pères. »

pays à métayage, l'idéal du progrès à réaliser; mais il faut reconnaître que, dans la situation actuelle des choses, un changement aussi radical n'est pas possible, et qu'en général la nature du métayage en faisait un obstacle aux grandes améliorations, et surtout aux perfectionnements rapides.

« De toutes les manières d'exploiter un domaine, dit un « homme compétent (1), celle qui oppose le plus de diffi- « cultés pour l'introduction d'un système raisonné, est, sans « contredit, le métayage. Sous ce système, dit un autre « auteur (2), la civilisation retourne en arrière, au lieu de « suivre la loi du progrès qui se manifeste par l'améliora- « tion de l'homme et de la chose; il laisse déchoir le pre- « mier, et retient l'autre dans un état fatalement stationnaire.

Nous l'avons reconnu, les tendances de la propriété soumise au colonat, et ses aspirations constantes, inclinent visiblement vers le fermage, et le métayer n'est pas moins désireux de changer sa situation actuelle en celle de détenteur à prix fixe. Le grand obstacle à une transformation aussi désirable, c'est non-seulement le manque de capitaux chez le paysan, mais aussi son ignorance et, disons-le, sa routine (3). Ne connaissant pas les améliorations qui se sont fait jour dans d'autres cantons, ni la culture des terres, ni l'économie rurale, la plupart des métayers n'agissent, dans tout ce qu'ils exécutent, que d'après ce qu'ils ont vu faire à leurs pères, sans trop s'inquiéter s'ils ne pourraient pas faire mieux. Beaucoup n'entreprennent certaines cultures qu'après avoir consulté l'almanach, afin d'y voir quel temps il annonce pour le jour où ils ont l'intention de semer ou la-

---

(1) M. Ludovic Maurial, *Manuel des propriétaires et des métayers*, p. 189.

(2) M. Méplain, Introduction, p. 34.

(3) Le cultivateur défiant et apathique redoute les innovations; le temps et l'expérience ont seuls le pouvoir de le persuader. (*Essai sur l'agriculture de la Haute-Saône*, par M. J. A. Marc, 1811, Vesoul.)

M. de Gasparin est d'accord là-dessus avec M. Marc. (*Métayage*, ch. IX, p. 70.)

bourer, ou pour s'assurer si la constellation qu'il indique est favorable ou non à leur entreprise. Le petit nombre au courant des secrets de l'art, n'ayant pas le droit d'initiative, est trop souvent contrarié dans ses vues d'améliorations par un sous-traitant, qui ne voit et ne peut voir que le présent, sans s'inquiéter de l'avenir, qui ne lui appartient pas.

## VIII

Le métayage en Angleterre

Ceci nous amène à examiner les analogies que pourrait nous présenter la Grande-Bretagne par rapport aux effets du métayage sur la classe agricole.

Tout d'abord nous devons écarter l'Angleterre et l'Ecosse, dans lesquelles le bail à colonage partiaire est complétement inconnu.

En Irlande.

Il n'en est pas de même de l'Irlande, où les conditions d'exploitation du sol ne résident point dans le bail à ferme, mais dans un état qui ressemble à s'y méprendre à celui dont M. Méplain présentait naguère le triste tableau.

Pourtant, écrit M. Léonce de Lavergne (1), « aucun pays n'a été plus heureusement doué par le Ciel. » Le climat, plus humide et plus doux encore, en effet, qu'en Angleterre, y rend les extrêmes de chaleur et de froid complétement inconnus; la végétation herbacée y est admirable, et ce n'est pas sans raison que le trèfle est devenu l'emblème héraldique de ce qu'on appelle l'Ile Verte. Malgré ces dons naturels, la misère du peuple irlandais est depuis longtemps proverbiale. Là, comme dans certaines de nos provinces, il y a entre le propriétaire (*land-lord*) et le fermier (*tenant*) un sous-traitant (*midleman*), auquel, dit M. Gustave de Beaumont, est abandonnée l'exploitation, non de la terre, mais des paysans, et qui en fait une véritable matière à spéculation.

Le sous-traitant anglais.

---

(1) *Essais sur l'économie rurale de l'Angleterre*, ch. XXII.

Misère du métayer irlandais.

M. de Sismondi a tracé, de la position du paysan irlandais, un tableau qui n'est pas de nature à nous faire chercher dans ce pays des exemples pour amener notre agriculture à cet état d'aisance et de perfection qui est l'aspiration de tous les bons esprits. Il nous a montré les exactions de ces sous-traitants, dégradant le cultivateur jusqu'à la plus hideuse pauvreté. Il nous a fait entrer dans ces misérables huttes qui servent de logement à ces paysans abrutis, logement que, le plus souvent, il partage avec les animaux les plus immondes. Il nous a fait assister aux repas de ces malheureux, consistant en pommes de terre, auxquelles les plus aisés joignent quelquefois les rebuts de la salaison du porc. M. de Sismondi a été plus loin : il nous a fait toucher du doigt cette plaie de l'Irlande, où le paysan exproprié et vagabond, reparaissant à un jour donné et s'attachant en désespéré, malgré la misère qui l'y attend, à cette terre sur laquelle il est né, finit par recourir à l'assassinat; nous en avons des exemples récents et nombreux.

Ce n'est donc pas dans ce malheureux pays que nous irons prendre nos comparaisons.

## IX

Du bail à ferme.

Après avoir examiné le bail à métayage ou à colonage partiaire dans ce qu'il a d'essentiel, nous sommes naturellement amenés à parler du bail à prix certain, ou, comme on l'appelle communément, du *bail à ferme*, qui dans notre opinion en est le perfectionnement.

Pour nous livrer avec fruit à cet examen, nous ne croyons pas qu'il soit nécessaire de chercher si le système d'Adam Schmitt, ce fondateur de la science économique, vaut mieux que celui de J. B. Say, ou si, à ces deux systèmes, il ne faudrait pas préférer celui de Ricardo ou bien la nouvelle théorie de M. de Gasparin, sur le rapport qui existe entre la valeur du capital et celle du travail nécessaire à sa fécondation. Ces recherches nous conduiraient dans des déductions de principes où Malthus lui-même avoue qu'il est bien difficile de s'entendre et d'éviter l'obscurité.

Nous irons droit au but et par des chemins plus simples.

Le bail à ferme est incontestablement préférable à celui dont nous nous sommes d'abord occupés ; c'est des pays où il est pratiqué qu'est partie la substitution de l'assolement alterne à l'assolement triennal. Il suppose, de la part du preneur, des capitaux disponibles. Le fermier est un spéculateur qui met pour enjeu, dans son entreprise, tout ou partie de son avoir ; il apporte avec lui un capital quelconque consistant généralement en instruments agricoles, en bétail, en chevaux de trait et de labour, etc., etc. Ce qu'il est.

L'engagement de sa petite fortune dans sa spéculation le force à employer toute la somme de soins et d'activité dont il est capable, pour amener son entreprise à bonne fin.

Le fermier n'est pas précisément un ouvrier ; il est plus aisé, plus éclairé ; il porte le poids d'une responsabilité plus grande. Pour lui la culture est une profession avec toutes les chances de perte et de gain, et si les chances de perte sont suffisantes pour tenir son attention éveillée, celles de gain suffisent aussi pour exciter son émulation. Le fermier.

A ces titres, le bail à ferme est le mode préférable à tout autre moyen d'exploitation du sol, et c'est par cette raison que nous l'examinerons plus longuement.

Comme on a attribué la supériorité relative de la constitution agricole de la Grande-Bretagne à l'usage à peu près universel du bail à ferme, qui y fait de l'agriculture une industrie spéciale, nous ferons, au fur et à mesure de son examen, la comparaison des usages qui régissent ce contrat dans les deux pays :

1° Quant aux conditions en général ;

2° Quant à la durée ;

3° Par rapport aux impôts;

4° Quant aux risques du locataire et aux droits et devoirs du propriétaire;

5° Quant à la rente ou fermage.

De ces comparaisons nous tâcherons de tirer des conclusions en rapport avec l'état respectif de l'agriculture, les habitudes et les besoins des deux pays.

Ce qu'on entend par fermier.

Lorsque nous parlons de cultivateurs en général, nous entendons désigner ceux qui exploitent un fonds, plus ou moins considérable, appartenant à autrui; c'est-à-dire les *cultivateurs fermiers* à un titre précaire quelconque.

Il ne peut être question ici, en effet, de ceux exploitant leur propre fonds et possédant, par ce fait, toutes les ressources nécessaires pour marcher avec le progrès, ou même pour le provoquer.

En France, nous ne l'ignorons pas, et surtout dans la région du Nord, il y a une classe assez nombreuse d'individus, exploitant leurs propres terres mais; on peut dire que cette région est presque universellement composée d'une classe *mixte* exploitant tout à la fois un petit domaine lui appartenant en propre et un autre en location. Cette classe, à laquelle nous avons donné le nom de *mixte*, peut être sans hésitation rangée parmi celle des *cultivateurs fermiers*, dont elle ne diffère pas d'une manière sensible, le fonds qu'elle possède en propre, n'étant, pour ainsi dire, dans la plupart des cas, qu'un moyen de cautionner ses obligations envers le bailleur. Il ne peut donc s'agir ici que du *cultivateur fermier* et du *bail à ferme* proprement dit.

Ce qu'est le bail.

Nous n'avons pas la prétention d'énumérer tous les usages, assez différents entre eux, pratiqués dans les diverses contrées de la France où le bail à ferme est employé, soit d'une manière générale, soit accidentelle. Nous nous appesantirons cependant d'une façon toute particulière sur les stipulations ordinaires à la contrée du Nord où, sans contredit, le fermage est le plus florissant. Nous jetterons les yeux çà et là sur quelques autres contrées où le fermage a été tenté, comme essai, et, autant que possible, sur celles où, sans être général, il est plus habituel.

Dans la région du Nord, les baux commencent par déterminer la durée pendant laquelle ils auront leur effet; cette durée est d'une manière constante fixée à *neuf années*, avec stipulation expresse que le fermier ne pourra, dans aucun cas, jouir de la tacite reconduction édictée par l'article 1776 du code Napoléon. Viennent ensuite les conditions du contrat, qui consistent ordinairement en : En France, dans le Nord.

1° Stipulation que les impôts de toute nature, mis *ou à mettre* sur les biens loués, seront payés par le fermier, *quand bien même ces impôts seraient, par les lois à intervenir, mis à la charge des propriétaires.*

2° Autre stipulation déclarant que tous les cas *fortuits, prévus ou imprévus, ordinaires ou extraordinaires,* seront supportés par le fermier, sans que, dans aucun cas, celui-ci puisse réclamer ni indemnité ni diminution de fermage.

3° Interdiction au fermier de sous-louer sans le consentement exprès et par écrit du propriétaire.

4° Charge de fumer les terres de telle ou telle façon, interdiction de cultiver certaines denrées pendant les trois dernières années, etc., etc.

Après ces stipulations qui, dans bien des cas, sont encore plus rigides, les baux contiennent des conditions relatives aux fermages, aux pots-de-vin, etc. Nous y lisons notamment:

« Que le fermier payera *avant d'entrer en jouissance* et à titre de pot-de-vin une somme égale à une année de fermage.

« Que le fermage sera payé chaque année le 30 novembre, sauf la dernière annuité qui sera exigible en juin, à moins que le preneur n'ait obtenu un nouveau bail faisant suite à celui en cours.

« Que les fermages seront payés en espèces d'or ou d'argent, et non autrement, et qu'en cas d'émission de papier monnaie ou de toute autre valeur fictive, la redevance sera payée en nature, en prenant pour base la moyenne des cours les plus bas de l'année, etc., etc. »

Ces conditions diffèrent peu de celles que l'on trouve dans la plupart des baux souscrits, soit au nord, soit à l'ouest, soit au midi ou au centre de la France.

Dans l'Oise. Dans l'Oise, où pourtant l'agriculture a progressé, les baux ne sont aussi que de neuf ans; ils contiennent encore trop souvent la défense de dessaisonner, de marner et de labourer profondément.

Dans la Beauce. Dans la Beauce, où le fermage est assez général, les baux sont souscrits pour neuf ans, tandis que le Perche, qui lui est si voisin, présente de nombreux exemples de baux dont la durée est de douze ans; on nous en a même cité d'autres de dix-huit ans.

En Sologne. La Sologne nous offre des baux de trois, six, ou neuf années, avec facilité au bailleur, ou au preneur, de résilier à l'expiration de la troisième ou de la sixième année, moyennant avertissement six mois d'avance.

Lorsque, en ces pays, le domaine n'est pas une métairie, le payement du fermage a lieu par moitié, à Noël et à Pâques, et il n'est pas rare que l'on stipule un *pot-de-vin* payable avant l'entrée en jouissance. Il est général aussi de mettre à la charge du locataire quelques menus *suffrages* consistant le plus souvent en poulets, oies grasses et autres animaux de la basse-cour.

Dans la Beauce, où l'assolement est triennal, certains baux exigent que cet assolement soit rigoureusement suivi.

Lorsque la liberté est laissée au fermier, pour la variation des assolements et pour la suppression de la jachère, c'est à la condition que les terres seront fumées plus fortement.

D'autres baux inscrivent qu'une certaine étendue sera mise et maintenue en luzerne, et il s'en trouve où il est fait au locataire une obligation de conserver les haies afin de faciliter la paisson nocturne par les chevaux. On nous permettra de nous élever, en passant, contre un pareil usage, qui a pour résultat de jeter au vent les engrais des animaux ou au moins de les répandre sans soin et sans profit, alors que les terres à labour restent improductives. La stabulation complète des chevaux et du bétail est un des caractères de la culture perfectionnée. Le nord de la France et l'Angleterre en font un système et poussent énergiquement à la suppression des haies. C'est à cette suppression des clôtures et non à leur conservation que les propriétaires doivent tenir, s'ils veulent tirer parti des pailles de leurs fermes et les convertir en fumier.

Dans le Centre, l'époque de l'entrée en jouissance est le 1er novembre; à cette date le fermier sortant doit avoir terminé ses emblaves d'automne, qu'il récolte à la moisson suivante, en acquittant, bien entendu, un fermage proportionnel. Le fermier entrant récolte les denrées de mars; il reçoit en entrant les deux tiers des fourrages et des pailles de l'année, ainsi que toutes les pailles des céréales en terre. Les avantages qu'il obtient, il doit en faire profiter son successeur à sa sortie de la ferme. Dans le Centre

Les impôts de toute nature dus à raison des domaines sont à la charge du preneur.

Plus loin, c'est-à-dire dans la Charente et dans les Deux-Sèvres, nous voyons, comme en d'autres pays, le fermage et le métayage vivre côte à côte, mais les baux à ferme sont, presque toujours, de neuf ans, et l'usage général dans le Bocage étant de les renouveler en partie vers la 6e année, ils sont en réalité de 12 ans quand il n'y a pas changement de fermier. Dans la Charente. Dans le Bocage.

Les fermages sont payés en argent aux échéances des 25 mars et 25 septembre; il y a de plus des prestations en nature, qui s'élèvent quelquefois au 15e et même au 12e du prix de ferme.

Le pot-de-vin n'y est pas inconnu, mais il y est plus rare que dans le Nord.

Dans la plupart des baux de ce pays on lit que le fermier devra cultiver, labourer, fumer et ensemencer les terres en saisons convenables et suivant l'ordre des *guérets*. Les impôts sont également à la charge du preneur.

Si nous nous enfonçons plus avant dans le Midi, nous trouvons la majeure partie des terres sans baux écrits, la loca- Dans le Midi.

tion s'en faisant d'une Saint-Michel (29 septembre) à l'autre. Cette location dure, par tacite reconduction, aussi longtemps que les deux parties se conviennent; les congés se donnent avant Pâques, pour sortir à la Saint-Michel suivante.

Les baux de terres dites arrosables se font généralement pour cinq ans au moins et neuf ans au plus.

Les fermages se payent moitié à la Madeleine et moitié à la Noël.

Dans l'Ardèche.

Dans l'Ardèche, lorsque les locations n'ont point pour objet le métayage ou le colonage, qu'on y appelle *grangeage*, les baux sont passés pour six ou neuf ans, au choix des parties, avec des conditions d'assolement quelquefois très-rigoureuses.

En ce pays de montagnes, où l'élevage et l'engraissement des bestiaux sont à peu près exclusifs de toute autre industrie, les propriétés sont affermées pour un plus ou moins grand nombre d'années, au prix assez général de 5 0/0 de leur valeur.

Dans le Rhône.

Dans le Lyonnais, où le fermage est assez usité, les baux sont de neuf ans, et la rente se paye à la Saint-Martin.

En Auvergne.

En Auvergne, le bail à prix d'argent est plus usité; il a lieu pour trois, six ou neuf années au choix des parties, et les conditions d'assolement y sont encore très-fréquentes.

En Franche-Comté.

Dans la Haute-Saône, le bail à ferme se stipule, généralement, pour trois, six ou neuf années, et l'entrée en jouissance a lieu au 24 septembre.

Dans la Loire-Infér.

Nous pourrions multiplier ainsi les citations et parcourir les différents départements de la France; nous y rencontrerions des conditions à peu près semblables. Citons encore le département de la Loire-Inférieure, où les baux à ferme sont les plus communs, et où ils se font presque tous par écrit, pour cinq, sept ou neuf ans.

En France le bail est toujours écrit.

Nous avons montré ce qu'était le bail à ferme dans diverses contrées de la France, et nous ne croyons pas nous tromper en disant que ce sont bien là ses caractères dans le pays tout entier. Que la terre soit occupée par un métayer, ou que ce soit par un fermier, il y a un bail qui fait la loi des parties, qui détermine l'entrée en jouissance, les époques de payement et les rapports qui existent entre le propriétaire et le locataire.

Nous examinerons plus tard, avec assez de détails, les diverses conditions de la généralité des baux, mais nous voulons mettre tout de suite sous les yeux du lecteur les différences qui existent entre la constitution du fermage en France, et celle du fermage dans la Grande-Bretagne.

L'Angleterre et l'Écosse tout entières sont sous le régime du fermage à prix déterminé; mais il s'en faut de beaucoup que ce régime présente, outre Manche, une uniformité plus grande que chez nous.

Le bail anglais.

En réalité, les longs baux sont à peu près inconnus en Angleterre comme en Écosse; disons même, pour être plus exact et plus précis, qu'il y a dans ces pays d'immenses districts, équivalant à peu près aux trois quarts de la superficie, où les baux ne sont pas en usage, et où toute la sécurité du locataire dans sa jouissance repose un peu sur la confiance que lui inspire le propriétaire, et beaucoup sur la coutume qui porte le nom de *tenant-right*, c'est-à-dire *droits du locataire*; en un mot, les locations se font *at-will* ou à volonté.

Le tenant-right et les coutumes.

Le tenant-right donne au fermier le droit de réclamer une indemnité pour les améliorations non épuisées (1), en sorte que quand il quitte la ferme, on lui alloue une partie des sommes déboursées pour culture et améliorations pendant les années précédentes; cette allocation varie d'après le nombre des années écoulées depuis que la dépense a eu lieu. Le droit du locataire est si bien dans les mœurs agricoles de nos voisins qu'il est passé dans la force des choses, et qu'il est réglé par les différentes cou-

---

(1) *Études agricoles sur la Grande-Bretagne*, par F. Malézieux, p. 368. 1858. Imp. de V. Bouchard-Huzard.

tumes qui, à défaut de législation spéciale, ont toujours prévalu dans les divers comtés du Royaume-Uni.

Ces coutumes sont souvent contradictoires et très-difficiles à déterminer : dans bon nombre de comtés elles existent à peine; dans d'autres elles ne s'imposent qu'à certains districts, et dans plusieurs elles sont tout simplement la coutume de quelques domaines.

Les coutumes sont d'un usage tellement invétéré qu'elles sont, aux yeux des personnes les plus compétentes, la législation obligatoire qui régit les baux et les arrangements relatifs aux locations; et à moins qu'un de ces arrangements n'intervienne en excluant expressément ou implicitement la coutume du pays, le locataire et le propriétaire sont, de droit, toujours supposés contracter avec référence à cette coutume.

Le droit du locataire (*tenant-right*) s'étend à la récolte qu'il a semée et qu'il laisse sur la terre à sa sortie; il s'étend aux labours préparatoires, à la paille et aux foins existant dans la ferme, et quelquefois aux fumiers enfouis.

Il y a bien des comtés où l'usage qui nous occupe donne au locataire le droit d'être remboursé de certaines dépenses faites dans l'intérêt de la culture, quoiqu'elles ne consistent pas réellement dans la manipulation de la terre. Ces dépenses comprennent généralement l'achat des nourritures pour le bétail, autres que celles produites sur le domaine; l'acquisition de certaines denrées; le marnage; le drainage; la fumure par des os pulvérisés, par des tourteaux; la construction de bâtiments nouveaux et indispensables, etc., etc.

Dans la pratique, la compensation à laquelle a droit un locataire sortant est payée par le locataire qui entre; le prix des améliorations est désigné par des experts, qui en étendent le montant à un nombre d'années supposé suffisant pour le recouvrement de chaque espèce d'amélioration, et ils en déduisent le temps pendant lequel le locataire en a retiré un bénéfice.

Nous le répétons, cet état de choses est si bien dans les usages, que certains comtés possèdent des coutumes où le tarif des indemnités est tout préparé; nous présentons, ci-après, la traduction de l'un d'eux, que nous empruntons au *Calendrier du fermier*, par Arthur Young (1).

La tradition a donc donné force de loi à ces coutumes, et il est assez curieux d'en suivre l'énumération complète, pour chacun des comtés du Royaume-Uni, dans un livre remarquable et fort estimé de M. Dixon, intitulé *Low of the farm;* on conçoit que nous bornions là nos indications, ce qui précède offrant une idée suffisante du respect des Anglais pour ce qu'ils considèrent comme des droits acquis.

Quoi qu'il en soit, il est naturel de penser que, sous l'influence de coutumes de la nature de celles que nous venons de rappeler, un fermier hésite peu à engager dans sa culture les capitaux qu'il possède, et à les convertir en améliorations, certain qu'il est de retrouver largement les sommes qu'il a dépensées et dont il n'aurait pas profité immédiatement.

Nous aurons occasion de revenir sur le tenant-right, lorsque nous parlerons du mauvais gré; mais nous constaterons ici qu'il tient lieu de bail dans beaucoup de circonstances, et que sous cette coutume le propriétaire *(landlord)* et le locataire *(tenant)* n'ont à l'égard de la durée du bail *(lease)* d'autre obligation que de se prévenir mutuellement six mois d'avance.

Le bail anglais est rarement écrit.

Le bail, au surplus, n'est, en Angleterre et en Écosse que très-rarement écrit; il n'est généralement fait que pour un an, avec faculté, pour les deux parties contractantes, de le laisser continuer indéfiniment, à charge par elle de ces parties qui veut le faire cesser à u jour donné, de prévenir l'autre six mois avant l'expiration de l'année alors en cours (2).

On n'a recours au bail écrit, en Angleterre, que pour

---

(1) Voyez la note première, traduite d'un ouvrage intitulé : *Arthur Young's farmer's calendar, re-written and extended by John Chalmers Morton. London, Routledge, Warne and Routledge,* 1861, p. 68.

(2) Voir la note 4°.

échapper à l'arbitraire de certaines coutumes, et pour les remplacer par des conventions plus en rapport avec les lieux loués. Nous donnons ci-après en note la traduction de divers baux anglais. On pourra voir dans plusieurs d'entre eux, que, bien que faits pour échapper à la coutume, ils en ont emprunté quelques dispositions, notamment celles qui se rapportent aux indemnités dues pour améliorations au locataire sortant.

Il est à volonté (*at-will*).

Quoique *at-will* ou annuels, beaucoup de baux anglais ont une durée plus que centenaire, et il y a des fermes qui sont entre les mains de la même famille depuis plusieurs générations.

Le bail en Belgique.

Il n'est pas besoin au surplus de passer le détroit pour rencontrer des locations *à volonté*, basées sur des indemnités dues au fermier sortant; la Belgique nous en offre de nombreux exemples. Le Hainaut belge et la province de Liége diffèrent peu il est vrai du nord de la France dans leurs conditions; mais dans la Flandre, dans le Brabant, dans la province d'Anvers, et surtout dans les terres sablonneuses du pays de Waes, abstraction faite de modifications toutes locales, le fermier sortant est indemnisé à dire d'experts, par son successeur ou par le propriétaire, de tous les travaux de culture, frais de semence, engrais en tas ou en terre, purin en citerne ou appliqué, qui existent à sa sortie. Parfois même le fermier sortaut est indemnisé, d'une partie du fermage annuel suivant l'époque de l'année où les terres sont libres.

Les *droits du locataire* portent ici le nom de *prisée.*

Les Flamands considèrent *la prisée* comme une condition vitale, indispensable, suppléant les baux à long terme, garantissant au propriétaire le bon traitement du sol en permettant au fermier de ne pas négliger sa culture, même l'année de changement, puisque le remboursement de ses travaux, des engrais de toute sorte non épuisés lui est assuré.

La note que nous donnons après les baux et usages anglais, montrera combien les Belges se sont rapprochés du tenant-right et des droits qui en découlent.

A première vue il semble que les satisfactions données par le tenant-right ou la prisée, et la sécurité qu'ils présentent pour le locataire, sont suffisantes pour engager nos voisins à persister dans une situation qui, au fond, n'a pas laissé que d'avoir une influence considérable sur les magnifiques progrès réalisés chez eux; mais il est pourtant à cette situation quelques inconvénients graves, que nous aurons occasion de démontrer dans la suite de ce travail, et qui ont amené la plupart des publicistes anglais et belges à se prononcer pour des baux écrits et à long terme; il est aussi manifeste que la tendance actuelle de l'un et de l'autre pays incline vers ces baux.

## X

De l'assolement.

Il fut un temps où l'engrais méconnu passait pour n'avoir sur la terre qu'une action purement mécanique, en permettant l'introduction de l'air, et où l'on prétendait le remplacer par des labours profonds, fréquents, et plus soignés. La terre, considérée comme un être physique, avait, disait-on, besoin de se reposer après avoir produit. A la vérité on lui demandait beaucoup et on lui rendait peu. C'est ainsi que l'on eut alors l'assolement biennal, qui condamnait à la stérilité la moitié du sol cultivable en faisant suivre invariablement chaque récolte d'une jachère, et qu'on le trouve encore dans le *Roumois*, dans les environs de Pont-Audemer (1), et dans les départements du Centre (2), sous le nom de culture à moutons. Plus tard on reconnut que le repos après deux ans de fécondité était suffisant, et on eut l'assolement triennal (3).

---

(1) L. Moll, *Excursion agricole*, p. 28.

(2) *Agriculture du Centre*, par L. V. Cancalon.

(3) *De l'Agriculture du Gatinais, de la Sologne et du Berry*, par A. Puvis. Paris, veuve Huzard, 1833.

Ce qu'était l'assolement.

Dans le langage du vieux système, le mot *assolement* signifie division des terres arables d'une exploitation, en *soles* réglées, c'est-à-dire en terrains destinés à être ensemencés tour à tour de productions diverses, et à être ensuite laissés plus ou moins longtemps en jachères. L'ordre dans lequel viennent les récoltes et la jachère a été désigné, suivant les pays, par les mots *succession*, *rotation*, *cours*, *tournures*. La jachère (1) était donc le pivot de cet *usage dangereux* (2) *des soles*, banni sans retour de la Flandre, de l'Artois, de l'Aisne, et de quelques autres départements. Elle n'excluait pas ces terres laissées sans culture que, dans le Nivernais par exemple, on nommait *pâtureaux*, et qui restaient couvertes de ronces, d'épines, de genièvre et de plantes parasites, sous prétexte de repos ou de besoin de pâturages.

L'assolement sous le droit coutumier.

Quoi qu'il en soit, l'assolement triennal était regardé comme une nécessité; et nous trouvons dans les coutumes de cette Flandre, qui est aujourd'hui à la tête de l'agriculture, des prescriptions qui font au fermier une condition d'entretenir, durant son bail de neuf ans, deux tiers de ses terres en labour et un tiers en jachère. La chose nous a paru assez curieuse à rapporter, pour que nous transcrivions ici la disposition de la coutume de Lille qui impose une telle obligation.

« Un censier (fermier) constant la cense de neuf ans, a et « doit avoir en chascune royée de terre (assolement) à « labour trois déspouilles de bled, trois déspouilles d'avaine « (avoine) et trois ghesquires (jachères) (3). »

En Hainaut nous avons trouvé des baux remontant

---

(1) Dans certaines localités on appelle la jachère *versaines*, *guéret*, *varet*, *sombre*, *novale*, *verchère*, *lande*, *friche*, *gaussede*, *cotive*, *terre à soleil*, *compot*, *chômage*, *couture*, *sommart*, etc. (Troplong, *Commentaires de l'art.* 1774 *du Code civil*, n° 763, note.)

(2) *Amendement de la Cour de Lyon sur l'art.* 1774 *du Code civil.*

(3) La coutume de Douai (ch. XV, art. 4) contenait une disposition analogue.

à 1748 qui partent de la même donnée. Le fermier devait tenir ses terres « en leurs droites royes par trois bleds, « trois mars et trois *verzaines* sans les déroyer, refroisser « ni laisser en riels. »

Le Nivernais présentait un usage semblable; les terres labourables d'une ferme y étaient divisées en trois parties égales : une partie était *emblavée* en blé, froment d'automne, une autre partie en blé de mars (tramois) et la troisième restait en jachère. Cet ordre de culture était invariable (1).

C'était, on le voit, le beau temps de l'assolement triennal, et, comme il était alors convenu que trois assolements successifs étaient nécessaires à un cultivateur pour qu'il fût remboursé de ses sacrifices, *on inventa le bail de neuf ans.*

Mais *assoler*, dans les cultures améliorées, ce n'est pas ramener périodiquement la jachère; l'art d'assoler consiste dans le choix judicieux des plantes à cultiver et dans la combinaison réglée ou raisonnée de leur culture, de manière à obtenir le plus de produits profitables moyennant le moins de frais possible, tout en conservant au terrain ses forces productives (2). Ce qu'il doit être.

Malgré les progrès évidents de l'agriculture, et malgré la perturbation apportée, dans le Nord surtout, au vieil assolement séculaire, les habitudes ont été plus fortes que les progrès, *et le bail de neuf ans a persisté.*

Cela explique pourquoi, dans ses articles 509 et 1718 se rapportant aux biens des mineurs et des interdits, et dans les articles 595 et 1429 ayant trait aux biens frappés d'usufruit, et à ceux des femmes mariées, le code civil a consacré ce terme de neuf ans, comme étant un délai normal et suffisant pour les locataires.

Des errements du code civil il est résulté que les biens de l'État, des communes et des établissements publics su-

(1) *De l'Agriculture dans le Nivernais*, par M. de Chambry, p. 12.
(2) J. L. Stolz, *Manuel élémentaire du cultivateur alsacien*, p. 185.

sceptibles d'être affermés, ne sont généralement loués que pour neuf ans, quoiqu'ils puissent l'être pour plus longtemps.

Il est incontestable que l'assolement triennal a été la cause dominante de la fixation de la durée des baux qui, ici, sont passés pour trois rotations ou neuf années; ailleurs, pour six ans, et enfin pour une rotation, ou trois ans, dans les pays moins avancés.

Influence de l'assolement sur la durée des baux.

Le code civil n'avait pourtant pas, comme certains l'ont prétendu, complétement oublié les intérêts de l'agriculture en limitant, ainsi qu'il l'a fait, la durée de quelques locations : il a décidé, en effet, par son article 1776, que si, à l'expiration des baux ruraux écrits, le preneur était laissé en possession, il s'opérerait à son profit ce qu'on a appelé la tacite reconduction. En agissant ainsi, le code donnait raison à cette idée, que l'assolement avait servi de règle pour les durées légales, puisqu'il renvoie à l'article 1794, qui dit « que le bail « des terres labourables est censé fait pour autant de temps « qu'il y a de soles, c'est-à-dire, pour le temps nécessaire, « afin que le preneur recueille tous les fruits de l'héritage « affermé. »

La tacite reconduction.

La tacite reconduction n'est pas une nouveauté dans la législation française; l'ancien droit coutumier était très-explicite à son sujet. Les chartes générales du Hainaut et la coutume de Lille dont nous avons déjà parlé, étaient formelles à cet égard; et Brunel, dans ses *Observations sur la coutume d'Artois* (1), nous apprend que si un fermier sous cette coutume avait commencé à labourer les terres depuis le bail fini et que le propriétaire l'eût souffert, ils seraient respectivement tenus à continuer le bail, par tacite reconduction, le terme de trois ans (2).

---

(1) Brunel, ch. VI, p. 63, nº 75. — *Coutumes de Lille*, titre XVI, art. 1. — *Chartes du pays de Hainaut*, ch. CXVII.

(2) *Les Coutumes générales du Cambrésis*, titre XIX, contenaient une disposition pareille.

## XI

Dans les temps primitifs, lorsque la société n'était que pastorale, l'impôt proprement dit n'existait pas. Chacun mettait au service de la tribu ou du clan une partie de son temps; mais cet impôt, tout inoffensif qu'il puisse paraître aujourd'hui, fut tellement lourd pour nos premiers pères, qu'ils préférèrent le transformer en un système qui leur demandait moins de temps et de travail, en leur permettant d'acquérir. Cet impôt, qu'il fût en service corporel, en nature ou en argent, était dû au chef de la tribu, soit à cause des services rendus, soit pour la protection qu'il accordait à chacun dans sa personne ou dans sa propriété.

**De l'impôt dans l'antiquité.**

A mesure donc que le gouvernement s'éloigne du régime patriarcal, on voit les prestations corporelles disparaître et être remplacées par une prestation en denrées ou en valeurs monétaires. Pourtant, au temps de la féodalité, l'impôt est énorme en ce sens qu'on prend au serf tout son temps et tout son travail, pour maintenir et conserver le système sous lequel il est courbé.

**Sous la féodalité.**

Jusqu'à la Révolution, nous eûmes une foule d'impôts en argent, en nature, en prestations, etc.; parmi eux, il faut citer *la gabelle*, qui, en frappant le sel d'une manière exagérée, atteignait principalement les masses.

Les *dîmes* fiscales et seigneuriales, celles des abbayes, les *tailles*, les *corvées*, les *aides*, le *quint*, le *requint*, le *droit de franc fief*, et enfin, après tant d'autres, le *terrage* ou *champart (glebalis pensitatio, pars campi)* dû aux seigneurs décimateurs qui prenaient la dixième gerbe, quelquefois la sixième, et trop souvent, hélas! la quatrième, ainsi que nous l'apprend un auteur du temps que nous avons eu plusieurs fois l'occasion de citer (1).

---

(1) M. Rougier de la Bergerie.

Cet auteur réclamait comme une faveur de ne payer que la douzième gerbe à son seigneur, et il s'élève avec raison contre l'obligation dans laquelle se trouvaient alors les censitaires de faire souvent deux lieues, d'abord pour avertir le seigneur de l'ouverture de la moisson, et ensuite pour conduire chez lui, et à sa grange, les gerbes du terrage, *avant de rentrer les leurs....*

Les dîmes étaient de deux sortes : les ecclésiastiques, qui se divisaient en novales ordinaires et menues, et les séculières ou inféodées. Elles étaient imprescriptibles en Hainaut et en Artois par les particuliers, mais prescriptibles par les ecclésiastiques. Elles étaient privilégiées, et les décimateurs préférés à tous créanciers saisissants (1).

De nos jours. La civilisation heureusement a complétement changé la nature de l'impôt et son mode de perception ; mais il serait inexact de dire qu'aujourd'hui il n'est représenté que par la somme d'argent payée chaque année au fisc par le contribuable.

En thèse générale, les impôts sont dus par tous. Ils doivent être, dit M. Thiers, proportionnés aux facultés de chacun, et par faculté il faut entendre non-seulement ce que chacun gagne, mais ce que chacun possède (2).

L'impôt, dit M. Pascal Duprat, est cette cote-part de prestations personnelles et de contributions que chaque citoyen doit fournir à la communauté, en échange des services ou de la protection qu'il reçoit.

Mirabeau définissait l'impôt : Une avance pour obtenir la protection de l'ordre social, une condition imposée à chacun par tous.

Montesquieu, moins complet, disait dans l'*Esprit des lois* : Les revenus de l'Etat sont une portion que chaque

---

(1) Arrêt du parlement de Flandre de 1680. *Institution du droit, Belgique*, tit. I, § 6.

(2) *De la Propriété*, par M. Thiers, liv. XIV, ch. II.

citoyen donne de son bien pour avoir la sécurité de l'autre et pour en jouir *agréablement* (1).

A ces définitions de l'impôt, nous pourrions ajouter celles de Jean-Baptiste Say et d'Adam Schmitt, mais elles aboutiraient toujours à celle-ci d'un auteur plus moderne (2) : L'impôt est un service qu'on paye, un devoir qu'on remplit, une dette qu'on acquitte.

Un auteur ancien (3), aux yeux de qui l'agriculture était comme la ressource principale des États, proposait, à tort, de la charger de tous les impôts, sous le nom de *dixme royale*, par cette considération que ce serait, selon lui, assurer à jamais la protection des gouvernements à l'agriculture, les revenus de l'Etat dépendant entièrement d'elle. On aurait ainsi, ajoute-t-il, les yeux continuellement ouverts sur elle. De là des encouragements multipliés et une protection spéciale pour le laboureur et les simples paysans.

Ce n'est plus, Dieu merci, de cette façon que nos économistes entendent prouver à nos campagnards les encouragements et la protection du gouvernement. Ils prêchent la diminution et même la suppression des charges qui grèvent la culture, comme le meilleur moyen de la protéger.

Mais laissons ces réminiscences du passé et ces définitions subtiles qui nous écartent de notre sujet, et abordons l'impôt dans ses applications agricoles.

**L'impôt foncier et les impôts indirects.**

Celui de tous les impôts français qui est le plus personnel, et celui qui touche le plus le propriétaire, est sans contredit la contribution foncière; de tout temps, on a si bien regardé cette contribution comme une charge inhérente au droit de propriété, qu'une loi du 3 frimaire an VII, tout en obligeant les fermiers et locataires à payer l'impôt foncier à l'acquit du propriétaire, leur donnait un recours

(1) *Esprit des lois*, liv. XIII, ch. 1.

(2) C. O. Royer, 1862. Guillaumin, éditeur. Paris.

(3) *Recherches sur les principaux abus qui s'opposent aux progrès de l'agriculture*, par M. Rougier de la Bergerie, seigneur de Bléneau, 1788.

contre celui-ci, et les autorisait à porter les quittances de contributions, comme argent comptant, dans leurs comptes de fermage.

Mais si nous lisons les baux français, en général, nous y voyons que tous les impôts, quels qu'ils soient, mis ou à mettre sur les biens loués, seront à la charge du locataire, *quand même les lois à intervenir les mettraient exclusivement à la charge du propriétaire.*

Sans doute les lois qui jusqu'ici ont établi des impôts extraordinaires, ont généralement décidé que les clauses qui font supporter ces impôts par le locataire seraient considérées comme n'existant pas (1); mais nous ne connaissons rien de dangereux comme de telles dispositions : c'est avec elles que l'on crée entre le propriétaire armé de son bail, et le locataire qui s'abrite derrière la loi, un état de guerre qui doit nécessairement tourner au désavantage du fermier, celui-ci étant le plus souvent par son propriétaire placé entre l'alternative du payement ou d'un congé qui lui sera impitoyablement signifié à l'expiration du bail.

Ces lois de circonstance ne stipulent, au surplus, que pour les baux en cours au moment de la promulgation; aussitôt ces baux expirés, on revient aux us et coutumes du passé avec renfort de précautions. C'est là tout ce qu'elles produisent au fermier, qu'il est toujours facile de charger d'une manière quelconque d'un impôt qu'en réalité il s'est engagé à payer.

On allègue que c'est là une portion du fermage, et que si le fermier ne payait pas les impôts, son fermage serait plus élevé, ce qui reviendrait au même.

On peut répondre à cela que, quand bien même les fermages devraient augmenter proportionnellement, la manière de procéder actuelle est vicieuse. Est-ce que, en effet, la quotité

---

(1) Décret du gouvernement provisoire de 1848 sur les quarante-cinq centimes.

de l'impôt est bien connue au moment du bail? On stipule que les impôts à venir tomberont sur les fermiers, quand bien même ils seraient mis par les lois à intervenir à la charge du propriétaire. Qui sait jusqu'où peuvent aller ces impôts? Le fermage est connu, tandis que les contributions futures échappent à l'appréciation, et on ne peut sans danger en accabler aussi imprudemment l'agriculteur. Le fermier qui sème du blé, qui élève des troupeaux, doit retrouver non-seulement les fermages qu'il paye, la semence qu'il emploie, sa main-d'œuvre; mais aussi les impôts qui pèsent sur lui, sans quoi il abandonnera son état de fermier. C'est de la sorte que le pain, la viande, etc., etc., arrivent au consommateur chargés de frais de tout genre, dont l'impôt forme une notable partie; si ces impôts sont considérés comme autre chose qu'une avance, on fait de l'agriculture un métier ruineux qui sera délaissé. On prétend que le fermage serait augmenté d'autant, dans le cas où le propriétaire payerait lui-même ses impôts; on serait autorisé alors à croire que, lorsque ces mêmes impôts augmentent dans une notable proportion et que l'on continue à en charger le fermier, les fermages diminuent à leur tour; mais c'est là une erreur qui est réfutée par les faits dont nous sommes tous les jours témoins.

Il vaudrait beaucoup mieux que chacun payât ses impôts, dussent les fermages s'élever d'autant; le fermier saurait alors à quoi il s'engage; il ne serait plus exposé à voir tout à coup ses charges s'accroître, alors que précisément elles auraient le plus besoin de diminuer.

Les impôts en effet ne grossissent généralement que dans les temps calamiteux, et Dieu sait combien en ces temps surtout la culture est mal à l'aise.

Aussi, un de nos économistes les plus distingués (1), n'hésite pas à dire qu'en France l'impôt est une machine à épuisement pour les campagnes.

---

(1) Léonce de Lavergne, *Économie rurale de l'Angleterre*, p. 145.

Nous ne parlerons pas de l'impôt indirect, qui n'est guère qu'un impôt de consommation; nous n'examinerons pas jusqu'à quel point il frappe la production; d'aucuns pensent que c'est le seul qui doive exister. Nous ne ferons pas non plus l'énumération des droits d'enregistrement, dont la majeure partie, sinon la totalité, atteint la propriété; mais nous demanderons de combien ce qu'on appelle chez nous les quatre contributions directes peut grever notre agriculture.

En première ligne, il y a l'impôt foncier, que M. Léonce de Lavergne estime à 5 fr. par hectare, et que M. Roques Salvaza (1) déclare contribuer pour 15/67 pour cent dans les dépenses publiques.

Nous avons ensuite l'impôt des portes et fenêtres qui la frappe également, puis l'impôt des patentes qui atteint les commerçants.

Après ces impôts viennent les taxes locales, telles que les prestations en nature et en argent employées à l'entretien des chemins vicinaux; celles qui sont facultatives, pour l'exercice du culte et bien d'autres; celles pour l'instruction publique, etc., etc.

En France, en un mot, l'impôt foncier revenant à l'État est l'impôt principal, autour duquel gravitent tous les autres, et M. Granier de Cassagnac affirmait, le 16 juin 1862, devant le corps législatif, que cet impôt équivalait à 7 o/o du revenu foncier, et qu'en y ajoutant celui des portes et fenêtres, celui des centimes additionnels et le droit d'enregistrement, on arrivait à une quotité de 13 o/o pesant sur le revenu net du fonds territorial. M. Granier de Cassagnac, voulant soulager l'agriculture, proposait la conversion de tous les impôts français en un impôt de 3 o/o sur le revenu général; il prétendait ainsi réduire de 40 et même de 50 o/o les charges imposées à l'agriculture.

(1) *Moniteur* du 17 juin 1862.

Il est un autre impôt qui, quoiqu'il frappe le pays tout entier, peut être considéré comme plus spécial aux campagnards qu'à toute autre partie de la population ; nous voulons parler de l'impôt du sang, ou, autrement dit, de la conscription.

L'impôt du sang.

N'en déplaise aux grandes villes, c'est dans les villages que se trouve la nation véritable, la nation armée (1) ; ce n'est pas, en effet, dans les populations abâtardies des villes et des grands centres manufacturiers, parmi les citadins enfin, que l'on prend des soldats : ce sont les paysans, les robustes cultivateurs qui composent la majorité de l'armée (2) et qui défendent au besoin le sol que, bientôt après, ils sauront féconder de leurs sueurs. Et pourtant les villes leur jettent à la face le nom de *paysans* comme une injure, tandis que de l'autre côté du détroit c'est le contraire qui a lieu ; là c'est le citadin qui est ridiculisé par l'appellation de *cockney* : trait caractéristique qui peint bien les tendances et les différences de goût des deux nations.

L'habitude de grever en France l'agriculture de tous les impôts, quels qu'ils soient, est telle qu'il ne faudrait pas s'étonner si bientôt les droits de mutation, passablement élevés, relatifs aux transmissions d'immeubles, étaient mis au compte des locataires sous un prétexte plus ou moins spécieux, et nous allons montrer la façon ingénieuse dont certains administrateurs de biens de communes et d'hospices y sont arrivés.

Une loi du 20 février 1849 a établi sur les immeubles des départements, communes, hospices, séminaires, fabriques, congrégations religieuses, établissements de charité, bureaux de bienfaisance, etc., une taxe dite de *mainmorte*, représentative *des droits de transmission entre vifs et par décès*. Cette taxe est calculée à raison de 62 centimes 1/2 pour franc du principal de la contribution foncière. La plupart

La taxe de mainmorte.

(1) M. Léonce de Lavergne.
(2) M. Béhic.

des administrations frappées si justement ont, suivant leur usage, immédiatement stipulé dans leurs baux nouveaux que la taxe dite de ***mainmorte***, instituée par la loi de 1849, serait acquittée comme les autres impôts par leurs fermiers. Les fermages ont-ils diminué ? Nullement. Il y a, du reste, à cela une raison fort simple : les administrations charitables n'acceptant d'offres que sur le pied du fermage ancien, nonobstant les charges nouvelles, il n'y avait pas à reculer. Je n'examinerai pas jusqu'à quel point cette manière de procéder est légale ; il est étrange, en effet, que des ***droits de mutation*** puissent être, par qui que ce soit, mis à la charge d'un fermier ; n'est-il pas certain que cette clause serait vue d'un très-mauvais œil si elle était imposée par un particulier ? On conviendra donc qu'elle est au moins singulière quand elle émane d'une administration charitable que la loi de 1849 a voulu atteindre, afin d'établir une égalité parfaite entre tous par rapport aux impôts ; il en résulte qu'à cet égard les propriétaires font à leurs fermiers des conditions plus modérées que les administrations.

## XII

Les impôts anglais.

L'impôt anglais ne se présente nullement sous le même aspect que celui de la France. L'État ne perçoit que ce qui est destiné au trésor public central du royaume-uni ; les autres taxes, toutes locales, sont perçues par un collecteur que nomment chaque année les intéressés, et qui est obligé de recouvrer sans frais dans sa paroisse les revenus qui doivent y être dépensés.

The land-tax.

Parmi les impôts appartenant au trésor public, nous citerons d'abord, à cause de son ancienneté, celui qui porte le nom de ***land-tax*** ou impôt de la terre. La land-tax, d'une origine féodale et quoique ayant subi de nombreuses transformations, se paye encore aujourd'hui sur des évaluations qui remontent à 1692, c'est-à-dire quatre ans après la révolution qui plaça le prince d'Orange sur le trône. A l'origine elle n'était qu'annuelle et essentiellement provisoire. Elle fut rendue permanente par une loi de 1798, qui stipula que les propriétaires auraient la faculté d'en racheter la prestation moyennant le versement d'un capital; cette loi porte le nom de ***land-tax redemption bill.***

Beaucoup de propriétaires ont exonéré par le rachat leurs domaines de la land-tax; il est donc difficile d'apprécier le ***quantum*** dont elle frappe le revenu foncier; cependant M. Malézieux, qui a fait de l'agriculture anglaise une étude toute spéciale (1), estime qu'en certains endroits elle représente 15 0/0 du revenu réel, tandis qu'ailleurs elle est de moins de 1 0/0.

L'***income-tax*** (impôt sur le revenu) a été établi en 1799, sous le ministre Pitt. Elle atteint tous les revenus, quels qu'ils soient, s'élevant à une somme annuelle de cent livres sterling (fr. 2,500), que ces revenus proviennent de biens-fonds, d'un travail agricole quelconque, d'un commerce, d'un capital placé, ou que ce soit un traitement d'employé. The income-tax.

Le troisième impôt perçu au profit du trésor public est le ***malt-tax,*** qui équivaut par sa nature à l'impôt français sur la bière, mais qui, au lieu de s'adresser au liquide lui-même, se perçoit sur chaque mesure d'orge préparée, en un mot sur le malt. The malt-tax.

Il y a certainement en Angleterre d'autres impôts dont le trésor public est seul à profiter; mais nous ne parlerons que des trois qui précèdent, comme touchant plus directement à l'agriculture; nous pourrions même en distraire l'income-tax, c'est-à-dire le plus important d'entre eux, dont il est expressément défendu au propriétaire de charger un locataire, sous peine d'une amende de 50 livres sterling (fr. 1,250).

(1) M. Malézieux, p. 322.

Les impôts que nous venons de citer sont loin d'atteindre ensemble la contribution foncière française; mais il en existe une foule d'autres qui, quoique ne frappant pas le sol d'une manière directe, ne sont pas moins très-lourds pour lui, et dépassent de beaucoup les centimes additionnels français, quelque importants qu'ils soient.

The poor-tax. En première ligne, il faut citer *the poor-tax* (taxe des pauvres), qui est un véritable fardeau pour l'agriculture, et qu'en Angleterre et dans le pays de Galles on estime à 8 o/o du revenu réel.

En Ecosse, la taxe des pauvres est supportée moitié par le land-lord, et l'autre moitié par le cultivateur, et c'est celui-ci qui en est chargé partout ailleurs.

Cette taxe remonte à la fin du xv^e siècle; elle fut créée par la grande Elisabeth, pour forcer les vagabonds et les gens sans aveu, dont le nombre était grand alors, à choisir un domicile. C'est l'équivalent ou plutôt ce qui remplace les revenus de nos bureaux de bienfaisance.

The county-rates. Au lieu de nos centimes départementaux, les Anglais ont *the county-rates* pour les dépenses de la province.

The Church-rates. Nos centimes pour l'exercice du culte sont remplacés outre-Manche par *the Church-rates*, ou dépenses pour l'Eglise. Comme en France, cet impôt est facultatif; aussi n'est-il pas général.

The tool-gates. Nous terminerons cette énumération de taxes locales par celle qui est perçue aux *tool-gates* ou barrières du péage, et qui remplace les prestations françaises en nature et les subventions industrielles qu'une loi de 1836 a établies chez nous. Mais si les subventions ont, dans ces derniers temps surtout, donné lieu à beaucoup de réclamations, comme s'alliant mal avec la liberté et le développement de notre industrie, les *tool-gates* sont assez mal vues. Il y a, par exemple, un district du sud de l'Angleterre où, pour faire vingt kilomètres, il faut payer jusqu'à sept fois.

Telles qu'elles sont cependant, les tool-gates ont permis d'amener la viabilité anglaise à un degré de perfection inouï.

Aussi les propriétaires peuvent-ils arriver en tout temps à leurs habitations de la campagne et y dépenser une grande partie de leurs revenus; et, malgré le taux excessivement élevé des impôts dont est grevée l'Angleterre, et que M. Léonce de Lavergne estime à huit schellings par acre (65 ares environ), cet impôt paraît moins lourd que chez nous, par la raison que les taxes locales surtout se dépensent sur les lieux mêmes, et qu'elles ne sont pas sitôt sorties des mains du cultivateur qu'elles y rentrent par une autre voie.

M. Léonce de Lavergne fait à cet égard observer (1) que, quand un tiers au moins du budget français se condense à Paris et un autre tiers dans les grandes villes de province, les trois quarts des dépenses publiques se répandent en Angleterre sur les campagnes et contribuent, *avec les revenus des propriétaires et des fermiers*, à y entretenir l'abondance et la vie.

## XIII

Les cas fortuits.

Nous l'avons déjà dit, les législateurs de 1804 n'avaient pas été sans sollicitude pour les intérêts de l'agriculture. Ils ont en effet déclaré, dans l'article 1769 du code, que « si le « bail est fait pour plusieurs années, et que pendant la durée « du bail la totalité, ou la moitié d'une récolte au moins, « est enlevée par des cas fortuits, le fermier peut demander « une remise du prix de sa location, à moins qu'il ne soit « indemnisé par les récoltes précédentes.

« S'il n'est pas indemnisé, l'estimation de la remise ne « peut avoir lieu qu'à la fin du bail, auquel temps il se fait « une compensation de toutes les années de jouissance.

« Et cependant le juge peut provisoirement dispenser le

(1) *Économie rurale de l'Angleterre*, p. 145.

« preneur de payer une partie du prix, en raison de la perte « soufferte. »

L'article 1770 n'est pas moins explicite. Il dit, en effet : « Si le bail n'est que d'une année et que la perte soit de « la totalité des fruits ou au moins de la moitié, le preneur « sera déchargé d'une partie proportionnelle du prix de la « location. »

Voilà donc la règle posée; le fermier ne sera pas seul malheureux, son propriétaire contribuera pour sa quote-part dans les sinistres.

Devraient regarder le bailleur.

Le droit naturel veut que le bailleur s'étant obligé à faire jouir le preneur, garantisse celui-ci des événements de force majeure qui le privent de tout ou partie de sa jouissance. Le preneur s'engage à administrer en bon père de famille, et lorsque, malgré sa diligence, il ne peut empêcher certains malheurs qu'il n'est pas toujours possible aux prévisions humaines d'écarter, il semble qu'il ait le droit, suivant les cas, de demander une diminution de prix ou une résiliation.

Nous ne ferons pas ici de digression à propos des distinctions subtiles que l'on pourrait établir entre les cas fortuits et imprévus et les cas extraordinaires; pour nous tout se résume en des pertes qui peuvent être la ruine la plus complète du fermier, et il est indifférent que ces pertes proviennent de la grêle, du feu du ciel, de la gelée, de la coulure, des inondations ou de la guerre, fléaux auxquels le pays n'est pas régulièrement soumis.

Sont toujours supportés par le preneur.

Les controverses auxquelles la doctrine s'est livrée à cet égard fléchissent devant les dispositions de l'article 1772 du code, qui permet que, par une stipulation expresse, on charge le preneur de ces pertes.

Lisons en effet tous les baux : « Les cas fortuits prévus ou « imprévus, ordinaires ou extraordinaires, seront supportés « par le preneur, sans que, dans aucun cas, celui-ci puisse « réclamer aucune indemnité ni diminution de fermage. »

Les cas fortuits

En Angleterre, comme en France, on n'a pas manqué de faire supporter par le fermier toutes les suites de ces malheurs accidentels, et sous ce rapport les deux pays n'ont rien à s'envier.

en Angleterre.

Les cas fortuits en France sous le droit coutumier.

Nous ne nous étendrons pas sur les conséquences de la disposition qui autorise les propriétaires à laisser tous les risqnes à leurs locataires : ces conséquences se déduisent d'elles-mêmes ; nous rappellerons seulement que les chartes générales de Hainaut, sous l'empire du droit coutumier, avaient ordonné que, « si par tempestes (1), orages, foudres « du ciel, ou par guerre, les maisons, édifices et advestures « d'une cense (ferme) estait brusler, ruiner ou ameuriz, le « censier en doit faire remontrance au maistre, aux gens de « loy, afin de par le dit maistre vouloir réparer, etc. ; le « dit censier pouvant prétendre quitance ou diminution de « son rendage, etc. »

Les coutumes d'Artois contenaient des dispositions analogues, et Brunel (2) rapporte un règlement que le conseil de cette province a fait à ce sujet, le 6 juillet 1665, où il est dit : « La cour a ordonné et ordonne qu'à l'avenir les fermiers ou occupeurs de terres et biens situés dans ce pays « et comté d'Artois et lieux de son ressort, avant que de faire « les dépouilles et ameublissements des avêtures de toutes « sortes de grains, prétendant diminution ou modération « de leur rendage, tant à cause de l'inclémence du ciel qu'à « cause de passage et logement de gens de guerre, seront « tenus de faire appeler les propriétaires, etc., pour être « procédé à la visite des dites avêtures, etc. »

Nous n'avons rien trouvé dans ces coutumes qui permît de charger les locataires de ces cas fortuits imprévus ou extraordinaires ; mais nous n'avons rien trouvé non plus qui défendît de les leur imposer ; donc il est probable qu'alors, comme aujourd'hui, les land-lords du continent, de même que ceux des trois îles, étaient peu soucieux d'appliquer la belle formule

(1) Chapitre XVII, art. 18.
(2) Chapitre VI, n° 78.

que nous avons rappelée de M. de Gasparin, qui se complaisait à voir les propriétaires et les locataires « courir ensemble les mêmes chances, craindre les mêmes fléaux, se « réjouir des mêmes événements et pleurer les mêmes « pertes. »

Conséquences.

En refusant à concourir jamais aux pertes de la culture, en fermant son cœur à la compassion pour des malheurs imprévus dont la fortune frappe son fermier, un propriétaire nuit certainement à l'avenir de sa terre, qui serait d'autant plus recherchée qu'on le connaîtrait juste et bon. En se montrant au contraire charitable et compatissant, et en suppléant par sa bonté au silence et à l'imprévoyance du bail, le propriétaire fera un sacrifice d'argent sans doute, mais il ajoutera à sa réputation et à son influence, et il entourera son nom et sa famille d'une auréole qui, en certains moments, pourra être tout à la fois une compensation et une sauvegarde.

## XIV

De la rente ou fermage.

Autrefois il était assez ordinaire de payer la rente ou fermage avec des denrées provenant du domaine lui-même. Il y a lieu de penser que c'était là un reste des habitudes contractées sous l'empire du colonat, qui, au fond, n'est pas un bail mais une association.

Aujourd'hui il est à peu près général, en France, de stipuler le fermage en argent.

Dans la plupart des départements ce fermage est acquitté en une seule fois, à la Saint-André (30 novembre); dans d'autres il se paye en deux fois, en septembre et en avril.

Les menus suffrages en France.

A ce fermage il est assez commun dans le centre de la France de joindre quelques *menus suffrages*, et nous avons montré que ces quelques menus suffrages équivalaient dans certains pays au 15ᵉ, et même au 12ᵉ du prix principal.

On ne saurait trop s'élever contre un pareil abus des *suffrages* en nature, qui, à première vue, paraissent inoffensifs, mais qui ont pour résultat d'enlever au fermier une partie du revenu de sa basse-cour, revenu à l'aide duquel la ménagère entretient l'ordre et l'aisance dans un intérieur qui n'aura d'attrait pour le paysan qu'autant que cet ordre et cette aisance y seront plus apparents. C'est une aggravation hypocrite de la rente, et elle doit, par cette raison, être supprimée d'une manière radicale.

En Angleterre, nous ne trouvons que dans une partie du Lothiam des exemples assez rares d'un payement de la rente au moyen de denrées ; et encore a-t-on soin de stipuler d'avance un minimum et un maximum.

Partout ailleurs le fermage se solde en argent, et ordinairement en deux termes, à la Chandeleur (2 février) et au 1er août.

Dans les pays de montagnes, pour les vastes étendues de pâturages, la rente ou fermage n'est pas fixée ; elle est proportionnée aux têtes de bétail et de moutons qui y sont entretenus.

En Angleterre.

Les menus suffrages, qui en France consistent souvent en volailles et autres animaux de basse-cour, et même en porcelets et jeunes veaux, quelquefois aussi en paille, foin, avoine, etc., sont rarement stipulés en Angleterre. Ils n'y ont guère, il est vrai, leur raison d'être, les grands propriétaires possédant presque toujours, à côté de leurs somptueuses demeures, une ferme modèle qu'ils exploitent par eux-mêmes ; cette ferme ne donne pas des résultats toujours satisfaisants par suite du luxe inutile qu'on y déploie, mais elle a au moins cet avantage de servir d'exemple aux fermiers du domaine pour des améliorations dont l'utilité pratique leur échappe rarement.

Le pot-de-vin et le droit de franc-fief.

A côté de la rente ou fermage proprement dit, il existe dans plusieurs provinces de la France une redevance funeste, inconnue dans le royaume-uni et que nous avons toujours regardée comme une plaie pour l'agriculture.

Nous voulons parler du *pot-de-vin.*

Le pot-de-vin est l'obligation imposée à un fermier de faire à son propriétaire, avant l'entrée en jouissance, le versement d'une somme égale à une année de fermage.

Nous ignorons si l'usage du pot-de-vin est fort ancien dans notre pays; les recherches auxquelles nous nous sommes livré à cet égard ont été sans résultat; cela provient sans doute de ce que, comme toutes les choses mauvaises, le pot-de-vin s'est pendant longtemps tenu honteusement dans l'ombre; mais nous doutons que son ancienneté, quelle qu'elle soit, lui ait conquis des titres de noblesse (1).

Nous nous sommes souvent demandé le but que l'on s'était proposé en imaginant le pot-de-vin. A-t-on pensé qu'au moyen de cette avance le fermier s'attacherait d'autant plus à sa terre, qu'il lui aurait pour ainsi dire fait un prêt dont il ne pouvait se rembourser qu'à la longue? A-t-on vu dans le pot-de-vin une garantie de bonne exploitation, comme d'aucuns le prétendent? Le pot-de-vin doit-il son origine à l'avidité des intendants et des gens d'affaires, qui avaient l'habitude de l'exiger des fermiers à l'insu et au préjudice des propriétaires grands seigneurs de l'ancien régime, lesquels n'exerçaient sur eux aucune surveillance?

---

(1) Il serait peut-être possible de trouver une origine au pot-de-vin dans ce qu'on appelait, avant la Révolution, *le droit de franc-fief.* Le fief, on le sait, était une terre noble qui ne pouvait être possédée que par la noblesse à l'exclusion des autres classes, à ce point que les lois obligeaient un *roturier* qui achetait un fief à « *le mettre hors ses mains dans l'année.* » Naturellement les *vilains* désiraient d'autant plus posséder *un fief* que cela leur était défendu et qu'il y était attaché certaines immunités et certains honneurs. Le fisc, toujours aux aguets, entrevit là un moyen de battre monnaie; il le mit à profit, et l'on finit par lever l'incapacité en permettant aux non-nobles de posséder des fiefs, à la charge de payer à l'État une redevance proportionnée aux revenus d'iceux. Mais les époques où cette redevance était exigible et son taux étaient indécis: on la faisait payer quand et selon les besoins de l'État. — Sous François Ier on exigea le droit de franc-fief tous les vingt ans. — Sous Louis XIV, un édit du mois d'août 1692 ordonna que les roturiers qui, depuis 1672 avaient acheté des biens nobles, payeraient tous les vingt ans une somme égale à une année de revenu à partir du

C'est là autant de questions fort difficiles à résoudre, et que nous laissons à chacun le soin d'apprécier.

Quelle que soit l'origine de cet usage, que le motif de son établissement ait été honnête ou qu'il doive le jour à la rapine, ce qui le rendrait d'autant plus odieux, nous pensons qu'il est une cause considérable de gêne pour l'agriculture, et que c'est au pot-de-vin que nous devons le temps d'arrêt très-marqué qui se fait sentir dans les pays où il est usité.

Selon nous, le pot-de-vin est abusif, et ne peut nullement se justifier : sa suppression est nécessaire, non seulement dans l'intérêt de l'industrie agricole, mais aussi, et avec plus de raison peut-être, dans l'intérêt général.

Nous avons vu que le pot-de-vin était l'avance faite par un fermier à son propriétaire, et avant toute jouissance, d'un capital égal à une année de fermage.

En quoi consiste le pot-de-vin.

Pour être plus clair, nous prendrons ici un exemple, dont il nous sera facile de tirer des conclusions.

Supposons un fermage s'élevant annuellement à fr. 900.

Dans l'ordre actuel des choses, le fermier payera son pot-de-vin en entrant, puis viendront successivement ses neuf annuités, soit en tout 9,000 fr.

Nous reconnaîtrons volontiers que si un pot-de-vin

---

jour de la possession. Depuis on fit payer cette redevance tous les dix ans, en prenant toujours pour base une année de revenu. C'est dans ces conditions que la Révolution trouva le droit de *franc-fief*. Elle le balaya comme tous les droits féodaux, mais le *pot-de-vin* resta. Or, ne serait-on pas en droit de penser que les propriétaires, obligés au payement du droit de *franc-fief*, mais ne voulant pas diminuer leurs revenus, ont été amenés à demander à leurs fermiers, sous le nom de pot-de-vin ou tout autre, une avance qui leur permettait de faire face aux exigences du fisc, tout en maintenant l'équilibre de leur budget annuel? Cela semble d'autant plus vrai que le droit de franc-fief revenait tous les dix ans, et qu'il était égal à une annuité du fermage ou à une année de revenu.

Je n'émets cette opinion que bien timidement; mais, à défaut d'autre origine, il m'a semblé que celle-ci n'était pas sans vraisemblance. Je la livre aux érudits comme un témoignage des efforts que j'ai faits pour trouver au pot-de-vin une origine qui pût se justifier.

n'avait pas été stipulé, le fermier aurait été très-probablement forcé, et aurait d'ailleurs facilement consenti, à porter son fermage à 1,000 fr., soit pour ses neuf ans 9,000 fr., comme dans le premier cas.

Il semble à première vue qu'il y a là pour le fermier identité de situation; on va voir qu'il n'en est rien.

Ses conséquences.

La moindre conséquence du pot-de-vin est d'avoir obligé le fermier à une avance qui, en prenant pour base les chiffres ci-dessus, lui a fait perdre près de 400 fr. d'intérêt; mais cette conséquence, quoique grave en elle-même, est peu de chose auprès de celle que le payement de cette avance aura pour l'avenir de l'exploitation.

En astreignant le fermier à un pareil déboursé, on a enlevé de ses mains un capital qui lui est indispensable, si on veut qu'il tire de sa culture tout ce qu'elle est susceptible de rendre : on a tari chez lui toute source de progrès. Cela, pensons-nous, n'a pas besoin d'être démontré; nous renvoyons au surplus à tout ce que nous avons dit précédemment sur le crédit agricole, comme étant ici d'une rigoureuse application.

## XV

Tel est, esquissé à grands traits, le bail ou louage au moment où nous écrivons, et les usages auxquels il donne lieu. Tel est dans son essence le titre sur lequel repose, depuis un temps immémorial, la constitution de notre agriculture.

Le bail n'a pas progressé.

Chose étrange! alors que tout change et se transforme, pendant que tout progresse et marche vers des pratiques plus libérales, le bail est resté stationnaire. Le métayage est celui de l'antiquité, le bail à ferme n'est pas plus neuf, et nous les retrouvons l'un et l'autre en face de l'agriculture exactement ce qu'ils étaient il y a un siècle et plus.

C'est en vain que le capital mobilier a triplé, quadruplé, quintuplé même; c'est en vain que depuis un demi-siècle des idées nouvelles se sont fait jour et que la législation commerciale et industrielle a été dix fois bouleversée : pour le bail il n'y a ni culture intensive, ni assolement alterne; pour lui il n'y a qu'un contrat immuable dans son esprit; il n'y a enfin que la stupide immobilité.

Le moment semble cependant venu de sortir de cette immobilité : tout le monde le sent, tout le monde le veut. Or, quand on est si unanime, lorsque tant d'efforts se réunissent vers un même but, on est bien près de le toucher.

Il y a pourtant quelque chose à faire.

Il nous reste donc à indiquer ce qui, dans notre opinion, peut régénérer notre agriculture, et jusqu'à quel point la réforme du bail peut y contribuer.

## XVI

Convertir le métayage en fermage.

On a proposé la conversion du métayage en fermage à prix certain, et on a demandé à ce sujet des mesures radicales.

Le remède serait pire que le mal.

Il est certainement à désirer qu'une telle conversion puisse se faire dans un avenir peu éloigné, mais on paraît oublier que l'on n'est guère libre d'admettre ou de rejeter l'un ou l'autre système. Tout dépend des habitudes des populations, des circonstances locales et de la constitution du sol.

Il ne faut pas se laisser aller ainsi au désir d'ériger en système des améliorations, même quand elles sont dans la force des choses; on peut constater que déjà le métayage tend à se modifier, et cela au fur et à mesure que l'aisance et l'instruction pénètrent plus avant dans les classes agricoles : mais entre ces modifications et la condition des agriculteurs il y a, ne l'oublions pas, une liaison intime avec laquelle il faut compter.

Supprimer les sous-traitants.

Un premier progrès à réaliser de la part du propriétaire serait la suppression de cet intermédiaire si rapace que dans le centre de la France on nomme *fermier*, et qui ressemble si fort au middleman irlandais (1).

Établir des relations directes de propriétaire à fermier.

On aperçoit tout de suite combien des relations plus directes entre le propriétaire et le fermier (2) contribueraient à cette confraternité qui, quoi qu'en ait dit M. de Gasparin, n'est encore qu'une espérance, et combien surtout cette association plus intime d'intérêts serait féconde en résultats (3).

Sans doute beaucoup de propriétaires sont dans l'impossibilité d'entretenir d'une manière constante des rapports de ce genre, mais, en raison de la nécessité d'une surveillance plus active qui résulterait d'une association plus complète, ne serait-il pas possible de créer des intendants qui surveilleraient pour eux, en leur nom, au moyen du contrôle d'une comptabilité qui, après tout, présenterait peu de difficultés. L'exemple de l'Italie, où le métayage réalise, sous des intendants qui ne sont pas comme chez nous des trafiquants à forfait, l'idéal de toute la perfection dont il est susceptible,

(1) M. de Gasparin est de cet avis, *Métayage*, p. 75. Voir aussi M. Méplain, *Introduction*, p. 30.

(2) Dans un pays de métayage les améliorations agricoles ne sont réalisables qu'avec le concours et l'exemple de celui qui possède la terre. (*Rapport à l'Empereur sur les concours régionaux de* 1864.)

(3) Voir dans le même sens une remarquable lettre de M. J. Baudet Lafarge, publiée dans le *Journal d'agriculture pratique*, sur le métayage dans le Puy-de-Dôme. N° 2 de 1864.

En réduisant tout à la mesure d'un intérêt souvent grossier, en cessant d'être attentifs à nos subordonnés et à leurs enfants, en ne nous imposant jamais aucun sacrifice pour eux, en les mettant sans cesse en concurrence avec des étrangers pour le lucre le plus léger; enfin en leur donnant nous-mêmes la mesure du prix que nous mettons à ces liens d'affection qui devraient unir les hommes de toutes les classes; c'est nous qui les détachons sans cesse de nos intérêts, qui leur apprenons à mépriser les sentiments généreux, qui leur enseignons l'égoïsme, et qui matérialisons toutes nos relations réciproques. (Gasparin, *Fermage*, p. 267.)

est là pour prouver qu'il n'y a point ici de difficultés insurmontables (1).

Confier des capitaux au colon.

Dans ces conditions, le propriétaire montrerait moins de répugnance à confier au sol des capitaux dont l'absence est la cause première de toute stagnation. En améliorant de cette manière la situation du colon et en lui facilitant des épargnes qui lui sont impossibles aujourd'hui, on lui permettrait enfin de posséder en propre un matériel d'exploitation. A l'aide de ce matériel, il pourrait assurer à son propriétaire une rente fixe, au lieu d'une rente éventuelle; en un mot, il deviendrait ce qu'il désire tant être, c'est-à-dire fermier dans l'acception rigoureuse du mot. C'est la fin d'ailleurs à laquelle le propriétaire doit tendre sans relâche, son intérêt lui commandant de ne pas laisser échapper l'occasion de « diminuer ses sollicitudes (2). »

Lui assurer une jouissance plus longue.

L'investissement d'un capital par le propriétaire n'est pas la seule chose à laquelle celui-ci doive se résoudre; il y aurait lieu de garantir au colon une jouissance plus longue, et de le mettre à l'abri d'une expulsion trop souvent imminente; cela lui donnerait la sécurité nécessaire pour l'engager à entreprendre ces améliorations du sol si lentes, qu'il se garde bien de les tenter avec une stipulation de jouissance qui, dans la plupart des pays de métayage, est rarement au-dessus de six ans. Ce n'est pas tout, il faut qu'une initiative réelle appartienne au métayer pour le choix des assolements; il faut faire disparaître ces clauses restrictives qui le renferment dans des limites tellement étroites, que la routine ne peut plus lui être imputée à faute, mais qu'elle devient un devoir et une sorte d'exécution du contrat.

Lui laisser plus d'initiative.

Que le bail soit à métayage ou à fermage, le fermier doit être libre de cultiver à sa convenance, pourvu qu'il jouisse en bon père de famille; les inconvénients d'une culture dont les

(1) De Sismondi, *Études sociales*.
(2) De Gasparin, *Métayage*, p. 76.

règles sont fixées d'avance, ne peuvent échapper à quiconque veut y penser un instant. De telles restrictions sont ruineuses pour un fermier qui veut se soustraire aux entraves de la routine et de l'ignorance, et qui sent qu'il peut retirer du sol, sans l'épuiser, les ressources que la nature y a déposées, et ce au moyen d'une culture raisonnée d'après les circonstances. Elles sont ruineuses également pour les propriétaires des métairies; elles sont, dans tous les cas, sans utilité pour personne, et doivent être impitoyablement bannies comme une réminiscence regrettable de coutumes inintelligentes et grossières (1).

## XVII

Les baux doivent être faits pour plus de 9 ans.

Nous avons cherché à démontrer que l'assolement triennal avait été la cause déterminante de la durée ordinaire des baux, et que la pratique enracinée de cet assolement était un fait dont le législateur avait dû tenir un compte sérieux.

Mais l'assolement triennal doit disparaître; il doit surtout être banni des clauses des baux, comme rappelant trop un passé vers lequel il ne peut plus être question de revenir.

Ce qu'il faut, ce sont de longs baux, c'est-à-dire des baux de plus de neuf ans.

Que peut, en effet, la culture avec un bail qui expose le fermier à être dépossédé après un si court terme? Quel est l'exploitant qui se lancera dans des améliorations qui ne se font

---

(1) Les coutumes contenaient généralement la défense de dessoler, parce que, pour échapper à la dîme et au terrage, les paysans étaient assez disposés à convertir les terres labourables en prairies ou même en bois. (*Coutumes d'Artois, de Cambrai, du pays de Waës*, etc. — *Droit Belgique*, tit. V, § 16.)

jamais sans sacrifices et qui pourraient ne profiter qu'à son successeur?

Du bail de neuf ans, il résulte que les trois premières années de l'occupation sont consacrées à remettre les terres en état et à réparer le mal fait par le prédécesseur; les trois suivantes donneront une pleine jouissance, il est vrai, mais pendant les trois dernières on se gardera bien d'améliorer; on épuisera, au contraire, et la terre se trouvera ainsi dans une position beaucoup plus mauvaise qu'auparavant (1).

Abus qui découlent des baux trop courts.

L'usage des baux de trois, six ou neuf années est bien plus désastreux encore; il équivaut, au fond, à des baux de trois ans, rien de plus. Or, en trois ans, nulle amélioration n'est possible, elle ne sera tentée par aucun fermier. Un bail de cinq ans laisserait peut-être à un cultivateur plus de facilités pour rentrer dans les avances qu'il aurait faites dès la première année; mais ce cultivateur ne laissera après lui aucune amélioration, il aura même mieux le temps pour augmenter l'épuisement du fonds (2).

---

(1) M. L. Moll, professeur à l'Institut de Roville, dans la relation qu'il fit en 1836 de son excursion agricole dans quelques départements du nord de la France, p. 18, dit : « Avec un bail de neuf ans seulement, le fermier n'a pas intérêt à améliorer, mais il en a au contraire « à épuiser le sol, tandis que celui qui sait pouvoir rester dix-huit à « vingt ans se hâte de faire des améliorations. »

(2) *Traité pratique des baux à ferme*, par le comte de Saint-Marsault, p. 4. Paris, 1847.

« Ceux qui n'ont jamais changé de fermier ne se font peut-être pas « une juste idée du mal que cet événement fait à une ferme. Dès qu'il « peut prévoir que son bail ne sera pas renouvelé, le tenancier cesse d'y « prendre intérêt; les cultures deviennent superficielles, les jachères « sont à peine travaillées, les sarclages sont totalement négligés, les « prairies artificielles sont défrichées, et il se hâte d'épuiser la bonification qui en résulte par des récoltes de grain répétées; les plantations, les fossés d'écoulement se détruisent sans réparation; il ne travaille 'plus qu'au jour le jour, et son avenir se transporte ailleurs. » (De Gasparin, *Du Fermage*, p. 266.)

L'arrondissement de Lille (Nord) offre des exemples de stipulations ayant pour objet de maintenir la terre dans toute sa fertilité. Des baux, trop rares il est vrai, contiennent la clause que le fermier sera remboursé de ses engrais, labours et semences à sa sortie. Il peut se livrer

Les Anglais eux-mêmes demandent de longs baux.

On opposera sans doute les baux annuels, et même les locations sans baux de l'Angleterre dont nous avons parlé; mais la différence entre la constitution de la culture chez nos voisins et chez nous-mêmes est frappante. Oui, le fermier anglais est à chaque instant sous le coup d'une dépossession; un avertissement fait six mois d'avance peut le priver de sa ferme; mais, rassuré qu'il est sur les conséquences de son éviction, il ne craint pas, comme nous l'avons déjà fait remarquer, de procéder aux améliorations dont le sol qu'il occupe est susceptible et de lui confier les capitaux dont il peut disposer. Tous ceux qui ont traversé les royaumes unis d'Angleterre et d'Écosse, ont pu voir le rôle considérable qu'y jouent les prairies naturelles et les prairies artificielles, et se rendre compte du capital énorme converti en bétail et en troupeaux par le fermier anglais, qui, s'il est évincé, trouve dans la réalisation facile de ce capital, et le *tenant-right*, dont nous avons parlé, des garanties telles qu'il lui est permis d'amener la terre à toute son intensité de production, sans crainte de pertes qui seraient inévitables avec le système vicieux suivi chez nous.

Encore une fois, malgré la sécurité dont jouit le fermier anglais, le bail à long terme, c'est-à-dire d'au moins quatorze ans, est aujourd'hui fort en faveur au delà de la Manche; depuis longtemps il y est préconisé, et lord Leicester, qui existait en 1776, l'avait pratiqué sur une très-large échelle dans le comté de Norfolk, où étaient situés ses immenses domaines que l'on s'obstinait auparavant à considérer comme incultes (1).

Arthur Young, que, malgré ses insuccès pratiques à Bradfield-Hall, on doit considérer comme un des bienfaiteurs de l'Angleterre par la vulgarisation des saines théories agrono-

---

ainsi avec sûreté aux cultures perfectionnées. — *Voir* à ce sujet un mémoire présenté au concours régional de Lille par M. Beaucarne-Leroux, maire de Croix, p. 19. 1863, imprimerie Reboux, à Lille.

(1) M. Malézieux, p. 262.

miques, avait suffisamment démontré les avantages que l'on peut retirer des longs baux (1). Pour ce pays les deux hommes que nous venons de nommer représentent, en ce qu'elles ont de plus éclectique, la théorie et la pratique; aussi leurs noms sont-ils demeurés entourés du respect des populations. Après eux vient lord Kaimes, dont la méthode, consistant à donner au locataire le droit de rester dans sa ferme moyennant des augmentations de fermage successives stipulées à l'avance, était proposée naguère comme un remède à la situation, lors du congrès des agriculteurs du Nord tenu à Valenciennes en septembre 1852, sous la présidence de M. Dumas (2), et depuis au congrès scientifique d'Arras (3).

## XVIII

Comment on précipiterait l'avénement des longs baux

Les longs baux, en tant qu'ils sont un progrès, ne peuvent pas instantanément remplacer les usages de la majeure partie de nos provinces; mais les abus occasionnés par ces usages sont assez connus et appréciés pour que le législateur puisse, dès à présent, faire une tentative qui précipiterait ce progrès. La loi, il faut le dire bien vite, ne pourrait, sans être tyrannique, fixer arbitrairement les termes des conventions entre individus libres de leurs droits; mais il est pourtant des cas où elle peut parfaitement réglementer ces conventions; c'est lorsqu'il s'agit de biens frappés d'indisponibilité. Le législateur s'est cru tenu à une réglementation pour

Par une réglementation nouvelle des baux des biens indisponibles.

(1) *Arthur Young's Farmers calandar, re-written and extended,* by John Chalmers Morton, p. 66.

(2) *Mémoires de la Société d'agriculture de Valenciennes,* ann. 1858, tome IX.

M. L. Moll (*Excursion agricole,* p. 18) fait la même proposition.

(3) *Rapport*, par M. le marquis d'Havrincourt. Arras, typographie d'Alphonse Brissy.

ces biens indisponibles, et, par l'article 1712 du code civil, il a soumis à un régime spécial les biens de l'État et des communes, et ceux des établissements publics. D'un autre côté, les articles 509, 595, 1429 et 1718 ont fixé à neuf aus, et non plus, la durée des baux des biens des interdits, des mineurs, des femmes mariées, de même que ceux frappés d'un usufruit.

Certes le législateur, en agissant ainsi, était dominé par une grande sollicitude pour des intérêts respectables; mais nous pensons qu'en ne faisant de ces intérêts qu'une seule catégorie, il a été trop loin, et qu'il y avait lieu de distinguer entre eux. Il convient certainement que, lorsqu'un individu est devenu majeur, il ne soit pas trop longtemps privé de la libre disposition de ses ressources, et qu'il puisse réaliser à son gré une fortune qu'il est en état d'administrer; mais rien ne s'opposerait à ce que les biens d'un mineur pussent être loués jusqu'à l'époque de sa majorité, quand bien même le terme devrait excéder neuf années.

Rien ne s'opposerait non plus à ce que les biens des interdits et des femmes mariées pussent être loués pour quinze ans au moins, et nous nous demandons en quoi les possesseurs de ces biens en seraient lésés.

S'il est vrai que les longs baux sont un progrès (1), et s'il est vrai en même temps que la loi est impuissante à forcer ce progrès vis-à-vis des particuliers, il importe de chercher un moyen qui y soit une excitation sans être une violence.

---

(1) Les longs baux étaient réclamés déjà avant la révolution. M. Rougier de la Bergerie, seigneur de Bleneau, s'élevait très-énergiquement contre les baux de trois, six et neuf ans et leur instabilité, et contre la défense de dessoler, dans son ouvrage remontant à 1780, p. 177 et suiv.

Mais le paysan répugnait aux longs baux, parce que généralement ceux dépassant neuf ans étaient sujets à certains droits seigneuriaux, outre la dîme.— Voir *Coutumes d'Artois*, art. 28 et 29; Maillart, *Notes sur l'Artois*, p. 685.

Ce moyen est fort simple.

Nous avons vu que l'article 1712 du code civil soumet les biens de l'État, ceux des communes et ceux des administrations charitables à un régime particulier. Les règles relatives à ces baux sont contenues dans le sénatus-consulte du 30 janvier 1810, la loi du 8 novembre 1814, celle du 2 mars 1832 et la loi du 25 mai 1835.

Les baux de ces biens faits pour une durée ordinaire (et la loi répute comme ordinaires ceux qui n'excèdent pas dix-huit ans) sont passés aux enchères, sans qu'il soit besoin de recourir à d'autres formalités que celle de l'approbation préfectorale.

Par une application plus large des règlements existants.

En principe, sinon en fait, la législation actuelle sur les biens des administrations est en progrès quant au terme, il faut le reconnaître, puisqu'une loi du 5 février 1791 en défendait la location pour plus de neuf ans *à peine de nullité*, tandis qu'une circulaire ministérielle du 5 mai 1852, relative à ces biens, porte qu'il convient que la durée de leurs baux ne dépasse que rarement dix-huit ans et n'excède jamais trente ans.

Nous sommes, il faut le dire, loin d'enfreindre les termes de cette circulaire : car, dans leur zèle bien louable d'ailleurs pour les intérêts qui leur sont confiés, il est rare que les administrateurs de biens communaux ou charitables consentent à élever le terme de leurs baux au-dessus de neuf ans. Ils ne font en cela, à la vérité, que suivre les vieux errements du passé, qui dans ses coutumes défendait les locations de biens de mainmorte pour plus de neuf ans (1).

Une première réforme désirable serait donc celle qui ferait un devoir aux administrations de sortir de la routine, en accordant des baux plus longs.

Encore une fois, les causes qui retenaient le bail dans des lisières n'existent plus. Il lui faut aujourd'hui plus d'essor, et

---

(1) *Coutumes générales du Hainaut*, ch. CXVII, art. 13.

cet essor il dépend de l'administration de le lui donner Nous n'insisterons pas davantage sur ce sujet.

Le tenant-right anglais et mauvais gré français comparés.

De ce que les longs baux sont à désirer, de ce que le cultivateur a besoin de sécurité, il ne s'ensuit pas que nous préconisions quand même le bail anglais avec son fameux *tenant-right*. Le *droit du locataire* anglais ressemble trop à ce qu'on appelle, en France, *mauvais gré* ou *droit de marché*. Il porte effectivement en Irlande le nom de *good will* (bon vouloir), et il est tellement dans les mœurs de nos voisins que, si nous ouvrons le roman champêtre du vicaire de Wakefield, si populaire même sur le continent, nous voyons M. Primrose, le héros de Goldsmith, prendre à bail une petite ferme pour laquelle il a dû payer cent livres sterling au fermier sortant afin d'en obtenir *le consentement*.

Ce qu'est le mauvais gré.

La France n'offre heureusement que de rares exemples de mauvais gré. Une partie de la Picardie, c'est-à-dire *le Santerre et le Vermandois*, et une portion minime de l'ancienne *Flandre*, pratiquent cet usage qui se perd dans la nuit des temps. M. Troplong le signale sous le nom de *droit de marché*, *depointage* et de *mauvais gré*; il en donne une de ces descriptions savantes auxquelles cet éminent jurisconsulte nous a habitués, et il nous montre le fermier considérant sa jouissance comme dérivant d'une véritable copropriété, et cette jouissance ne devant avoir d'autre terme que celui de sa bonne volonté.

Nous avons pu étudier sur les lieux cet usage appelé mauvais gré, et nous avons vu sous l'influence de cet usage curieux le fermier transmettre sa jouissance par héritage comme il l'a reçue lui-même, la céder à titre gratuit ou onéreux, la diviser par portions et en disposer de la manière la plus absolue, sans nullement consulter son propriétaire.

La rente payée par ce fermier est quelquefois de la moitié, du tiers peut-être, de ce qu'elle pourrait être à présent; mais il n'y a pas d'augmentation possible; il paye cette rente avec une exactitude religieuse à son propriétaire, mais pour lui ce propriétaire n'est autre chose, comme le dit M. Troplong, qu'un être de raison. Le droit de marché est pour le fermier et ses descendants la possession à perpétuité des terres qu'il occupe aux conditions et au fermage d'un bail, ou le droit aux baux successifs des biens qui lui ont été affermés une première fois.

Il serait intéressant de rechercher quelle a pu être l'origine d'un semblable usage. Pour le justifier, les paysans flamands disent que les ancêtres du propriétaire actuel détiennent les biens ruraux de leurs ancêtres à eux, à la condition de ne jamais inquiéter les successeurs dans leur jouissance. On comprend tout ce qu'ont d'intéressé les définitions de ces paysans; nous ne nous y arrêterons pas autrement, mais nous constaterons que, si dans l'ancienne Flandre et le Hainaut *le mauvais gré* tend à disparaître, il n'en est pas de même dans la Somme, où il est plus que jamais en honneur. Il existe à ce sujet un travail curieux (1), dans lequel le droit de marché ou mauvais gré dans le Santerre est étudié sous toutes ses faces. L'auteur montre dans cet écrit que ce droit, comme le droit de propriété, se transmet par donation, legs et testament, par vente à l'amiable ou à la criée, et figure dans tous les actes de famille tels qu'inventaire, partage et liquidation; que même les tribunaux par l'homologation des actes où il paraît, les cours impériales d'Amiens et de Douai dans plusieurs de leurs arrêts, ont reconnu son importance et sa valeur. On voit par là combien est grande la ressemblance de certains usages agricoles dans divers pays et la similitude qui existe entre le *depointage* picard, *le mauvais gré* flamand, le *tenant-right* anglais et le *good-will* irlandais. Des deux côtés du détroit ce sont sans doute les mêmes causes qui ont produit les mêmes effets.

---

(1) *Le Mauvais Gré; son passé, son présent, son avenir*, par M. G., ancien notaire. Péronne, 1865. Recoupé, impr.-libraire.

## XIX

Le Crédit foncier et le Crédit agricole

Nous avons dit, et cela a été prouvé il y à longtemps, que le malaise agricole provenait du défaut de capital et du manque de crédit pour se le procurer. Nous avons montré l'Angleterre couverte d'institutions ayant réellement pour objet l'avance à la culture des fonds dont elle a besoin, et nous avons en même temps cité quelques grands propriétaires anglais fournissant des capitaux à leurs fermiers.

Chez nous rien de tout cela n'existe. Il n'y a pas de banque agricole. Le Crédit foncier, institué en vue de placer l'agriculture sur le même pied que l'industrie et de diriger les capitaux vers la terre, a dévié de son but, et les propriétaires ne font pas d'avances à leurs locataires.

Le contraste est frappant, comme on le voit : le crédit n'existe pas pour l'agriculteur proprement dit, il ne peut exister que pour qui possède, et l'homme des champs n'a généralement en propre que son industrie, son travail, son intelligence et son honnêteté.

Ce sont la des gages insuffisants pour un créancier, et on comprend qu'en face des incertitudes qui accompagnent actuellement les créances sur l'agriculture, les prêteurs soient très-réservés et exigent d'elle des primes onéreuses en rapport avec les risques courus.

On peut créer un Crédit agricole

Il fallait donc chercher un moyen de crédit en dehors de ceux connus et qui y suppléât en les simplifiant.

Nous pensons l'avoir trouvé.

Nos lois sont pleines de priviléges attribués soit pour le prix d'un objet mobilier (1), soit pour le prix d'un immeuble (2), soit pour l'entreprise de travaux d'architec-

---

(1) Cod. civ., art. 2102, § 4.

(2) Cod. civ., art. 2103, n. 2 et 5.

ture (1), soit même pour les salaires des ouvriers, et particulièrement pour les créances des cultivateurs et moissonneurs qui ont travaillé à la récolte de l'année (2).

Le prêteur du cautionnement d'un officier ministériel ou d'un comptable de deniers publics, peut, moyennant l'accomplissement de certaines formalités, obtenir sur ce cautionnement un privilége dit de second ordre, qui le garantit, si l'emprunteur est honnête, contre toutes les éventualités (3). Il y a plus, il est une autre sorte de privilége que la loi a eu soin de conserver au propriétaire sur les fruits de la ferme, pour laisser entre ses mains, intact et sans partage, un droit de suite et de revendication, que ces fruits pendent encore par racines ou soient engrangés (4). Le mobilier de la ferme a été frappé du même droit en faveur du propriétaire (5).

Par une combinaison nouvelle.

Il serait donc extrêmement facile de donner au capital destiné à la culture une sécurité sans laquelle il fuira toujours inévitablement; il suffirait pour cela d'attribuer au propriétaire, ou tout autre prêteur qui ferait une avance à un fermier, métayer ou colon, un privilége analogue à celui existant pour le payement de la rente.

Nous supposons un prêt quelconque fait à un fermier en vue de sa culture, prêt constaté dans le bail et remboursable, en capital et intérêts, au moyen d'annuités en même temps que la rente ou fermage. Quel inconvénient y aurait-il à ce que ces annuités fussent considérées comme partie intégrante du fermage et jouissent avec lui de tous les priviléges et de toutes les immunités qui lui sont acquis? Pourquoi, si le prêteur n'est pas le propriétaire, ne pourrait-il pas obtenir sur les fruits et sur le mobilier de la ferme un privi-

---

(1) Cod. civ., art. 2103, n. 4; Cod. de comm., art. 93 et 94.

(2) Troplong, tom. V, n. 63.

(3) Loi du 25 nivôse an XIII, art. 2, 3 et 4. Décret des 28 août 1808 et 22 décembre 1812.

(4) Troplong, *Priviléges et Hypothèques*, ch. 1, p. 158; *Commentaires sur l'art. 1767 du Code civil.*

(5) Troplong, *Commentaires de l'art. 1766.*

Par un privilége spécial.

lége *de second ordre* analogue à celui qui peut être consenti sur le cautionnement d'un fonctionnaire, et qui lui donnerait ainsi un droit de préférence sur tous autres créanciers que le propriétaire? Nous ne voyons à cela, quant à nous, aucun inconvénient; nous y voyons, au contraire, des avantages réels, et nous avons la conviction qu'avec une loi qui permettrait l'établissement de ce privilége nouveau, nous verrions les cultivateurs intelligents et honnêtes obtenir avec plus de facilité des prêts qui permettraient la mise en valeur immédiate de ces grands domaines qui, à défaut d'un capital suffisant, languissent aujourd'hui.

Rien de plus simple pour un propriétaire ayant de l'argent.

Il s'en faut, il est vrai, que tous les propriétaires soient des capitalistes; tous ne sont pas à la tête d'avances suffisantes pour faire des prêts à leurs locataires.

Nous en convenons.

On rendrait le Crédit foncier à sa destination principale.

Mais le Crédit foncier institué, répétons-le, pour doter l'agriculture des ressources que la Banque fournit au commerce, n'est-il pas, avant tout, à la disposition de quiconque possède des immeubles ruraux? N'est-ce pas le cas pour un propriétaire de lui demander les fonds qu'il n'a pas afin d'en investir la culture de sa terre, en les prêtant lui-même à son fermier? Ce ne sera pas là s'obérer ni s'endetter, puisque le système de l'extinction de la dette par amortissement appliqué par le Crédit foncier au propriétaire, serait appliqué par celui-ci au locataire emprunteur. Les deux dettes pourraient, à la rigueur, s'éteindre en même temps. Si le bail était fait pour un terme plus court que celui généralement accordé par le Crédit foncier, rien n'empêcherait le propriétaire de se libérer par anticipation, c'est-à-dire au fur et à mesure des payements qui lui seraient faits à lui-même.

Telle serait la combinaison sur laquelle on pourrait, à notre avis, baser un crédit agricole, alors que, comme dans la plupart des cas, le campagnard n'aurait à offrir pour toute garantie que ses bras et ceux de sa famille. L'idée, pensons-nous, est neuve et, à raison de sa nouveauté, elle paraîtra à beaucoup d'une application impossible. Pourtant nous la livrons avec confiance aux esprits consciencieux et pratiques, et nous la regardons comme susceptible de faire son chemin lorsqu'elle aura été mûrie.

## XX

De la suppression du pot-de-vin.

En énumérant une à une les conditions générales du bail, et particulièrement du bail à ferme, nous disions que dans certains départements on en était venu à enlever des mains du cultivateur le peu de capital qu'il possédait, et ce par la stipulation d'un pot-de-vin.

Nous avons défini ce pot-de-vin, une avance faite par le locataire au propriétaire avant toute jouissance.

Une pareille stipulation et de semblables exigences sont au moins étranges, lorsque tout le monde demande un crédit plus grand pour l'agriculture et des facilités pour lui fournir un capital.

Nous ne serons donc contredit par personne, lorsque nous affirmerons qu'il y a nécessité absolue de supprimer le pot-de-vin.

Il faut en trouver le moyen pratique en dehors de toute violence, la loi, nous le répétons, ne pouvant prétendre sans tyrannie limiter la liberté des conventions.

Il ne reste guère que les exemples et les exhortations. Les exhortations ne manquent pas, mais seules elles font peu d'effet; l'exemple doit les accompagner.

Comment on peut y arriver.

Heureusement cet exemple sera facile à donner; il sera d'autant plus suivi qu'il viendra de plus haut. Nous l'avons déjà conseillé; un éminent et regretté administrateur (1) avait goûté nos idées à ce sujet, mais le moment n'était pas venu pour qu'elles pussent se faire suffisamment jour.

Peut-être serons-nous plus heureux aujourd'hui.

Nous nous expliquons.

Nous avons dit que, dans certains départements, la stipulation d'un pot-de-vin était générale, mais que, si elle émanait des particuliers qui y apportaient quelquefois un adoucissement, elle était surtout l'œuvre des administrations publiques qui n'en démordent pas et qui ne font, à cet égard, aucune concession. Or, nous l'avons vu, ces administrations sont, en vertu de l'article 1712, soumises quant à leurs baux à des règlements particuliers. Sans avoir besoin ici de recourir à une législation spéciale toujours fâcheuse, quoi de plus simple que de défendre pour l'avenir la stipulation en question dans les baux administratifs ? Les cahiers des charges sur lesquels ont lieu ces locations doivent être soumis à l'approbation des préfets pour être exécutoires : ces fonctionnaires ne peuvent-ils pas, en refusant leur sanction à la clause du pot-de-vin, être les instruments de leur suppression ? L'exemple une fois donné par l'administration supérieure, on peut être sûr de trouver immédiatement un grand nombre d'imitateurs parmi les propriétaires, que la loi ne peut atteindre sans entraver la liberté des conventions (2).

---

(1) M. Vallon, préfet du Nord. *Rapport au Conseil général*, session de *1861*.

Le 13 août 1861, M. Vallon nous faisait l'honneur de nous écrire les lignes suivantes : « Depuis longtemps la double question de la durée « des baux et des pots-de-vin qui sont attachés à la location des biens « appartenant aux établissements de bienfaisance du département du « Nord me préoccupe, et j'ai profité de l'émission toute récente d'un « vœu du Conseil d'arrondissement de Cambrai, émis sur votre propo- « sition, pour soumettre à l'avis du conseil général dans sa prochaine « session, la proposition de supprimer les pots-de-vin dans les baux « à intervenir, pour la location des biens dont il s'agit. »

(2) Quand la législation a marqué les limites d'un contrat, les conventions tendent à s'y renfermer ; on sent qu'en s'écartant de la ligne

On répond que là où les pots-de-vin sont d'habitude générale, ils s'acquittent *ordinairement* sans difficulté, et qu'il y aurait préjudice pour les établissements charitables à sortir de la règle commune, attendu que pour ces établissements c'est une rentrée extraordinaire qui se capitalise et leur permet de parer à la dépréciation monétaire et au renchérissement des denrées. On ajoute que si, par leur suppression, les pots-de-vin se répartissaient en quelque sorte sur toutes les années du bail, ils deviendraient une ressource ordinaire et se dépenseraient comme telle.

Comment on peut y suppléer.

Ces raisons ne sont que spécieuses.

D'abord, si on veut former un capital de réserve et se montrer prévoyant, il est facile de prélever, à cet effet, une somme suffisante, soit un dixième ou plus sur les annuités. Les revenus actuels n'en seraient nullement affectés : car on comprend que les facilités que donnerait une semblable mesure à la concurrence, permettraient l'augmentation immédiate des fermages dans des proportions au moins équivalentes à celle de l'abandon du pot-de-vin.

Il y a d'ailleurs une autre objection toute morale, il est vrai, mais qui n'est pas sans importance. Les administrations charitables, a-t-on dit, en pesant de toutes leurs forces et en usant de tous leurs moyens pour arriver à l'augmentation des fermages et pour tirer du bail tout ce qu'il peut donner, travaillent dans l'intérêt de la classe la plus nombreuse, c'est-à-dire la plus indigente, dont elles font ainsi multiplier les revenus, et elles aident par conséquent à augmenter le bien-être des pauvres et des malheureux.

Il convient de ne pas pressurer l'agriculture.

C'est là une très-grave erreur et l'application d'une très-fausse théorie.

---

qu'elle a tracée, on s'éloigne du vrai droit, qu'elle sert à distinguer de l'abus. En séparant ainsi le juste de l'injuste, elle avertit également l'oppresseur et l'opprimé ; elle imprime à l'un la honte de l'iniquité et inspire à l'autre le courage de la résistance, et tous deux s'accoutument à considérer comme prescrit ce qui n'était que conseillé. (M. Méplain, *Traité du bail à portion de fruits.*)

Il est incontestable, en effet, que si, depuis quelques années, les ouvriers de nos campagnes sont plus malheureux qu'auparavant, en dépit du bon marché des denrées, c'est uniquement parce que le travail agricole périclite dans leurs mains et que les souffrances de l'agriculture ont déteint sur eux.

Dans l'intérêt général et particulièrement des masses.

Demander à l'agriculture, au profit des bureaux de bienfaisance, le plus clair de ses bénéfices, et exiger d'elle, sous différentes formes, par l'enchère ou autrement, le maximum de ce qu'elle peut payer comme fermage, c'est la maintenir dans l'état précaire où elle se trouve et habituer l'ouvrier de la campagne à ne demander qu'à l'aumône l'aisance qu'autrement il trouverait dans un travail dont les effets moralisateurs ne sont contestés par personne.

En France la proportion des cultivateurs dans la population totale est de 60 o/o, tandis qu'elle n'est en Angleterre que de 33 o/o (1). Ce n'est pas trop s'avancer en disant que dans nos villages, la source principale du salaire de nos ouvriers réside dans le travail agricole; il faut donc tout faire pour l'encourager.

## XXI

Conclusions.

Le sujet que nous avons traité était assez vaste, par sa nature, pour donner lieu à de plus grands développements que ceux dans lesquels nous sommes entrés; mais nous nous sommes tenu, autant que possible, dans les limites des premiers principes de l'économie rurale, en écartant avec soin tout ce qui n'était que pure théorie, et nous croyons avoir suffisamment signalé quelques-unes des voies par lesquelles l'agriculture française pourrait, dans un temps plus

(1) M. Catineau-Laroche, p. 83.

ou moins éloigné, arriver à une régénération, sinon radicale, au moins satisfaisante. Des transformations comme celles que beaucoup de bons esprits ont en vue, ne peuvent s'opérer en un jour, elles sont l'œuvre du temps, et l'Angleterre elle-même a eu besoin de près de deux siècles pour les accomplir.

Si nous avons quelquefois dû nous attrister sur le tableau de nos misères, nous pouvons aussi nous réjouir sur celui de nos espérances. Les excitations et les grands exemples n'ont pas manqué dans ces derniers temps à la France agricole, et comme nous le faisions remarquer, ces excitations et ces exemples ont fait faire, depuis vingt ans, un pas immense à notre agriculture. On peut même dire, avec autant de satisfaction que d'assurance, que nous touchons au but.

Ce n'est donc pas le cas de s'arrêter; mais pour atteindre le plus sûrement ce but, il faut:

Transformer graduellement, mais aussi promptement que possible, en un bail à ferme, le contrat de métayage, qui n'est le plus souvent, selon l'expression d'un homme compétent, qu'une association de misère (1);

Rendre les baux plus longs, c'est-à-dire de quatorze à quinze ans au moins, qu'ils aient pour objet le métayage ou le fermage;

Faire l'avance d'un capital aux fermiers et colons, de manière à investir la terre de bétail et d'engrais suffisants, sauf au prêteur, propriétaire ou simple bailleur de fonds, ou banque agricole, à se rembourser de cette avance par annuités en même temps que le fermage;

Constituer à cet effet le crédit spécial agricole par la création d'un privilége de second ordre analogue à celui créé par la loi du 25 nivôse an XIII, ou par tout autre moyen s'en rapprochant;

Supprimer non-seulement les menus suffrages et les rede-

(1) M. Ludovic Maurial, *Manuel d'agriculture*, p. 15.

vances en nature, mais le pot-de-vin, dans les pays où il est pratiqué, et ce au moyen de l'exemple que donnerait l'administration supérieure, qui en interdirait la stipulation dans les baux administratifs;

Ne consentir ces baux que pour une durée *minima* de dix-huit ans;

Reviser les articles 505, 509 et 1429 du Code civil sur la durée légale de certains baux;

Mettre l'impôt foncier à la charge du propriétaire du fonds;

Interdire aux administrations la faculté de mettre la taxe de mainmorte à la charge des locataires;

Abroger l'article 1772 du code civil, qui a permis de mettre les cas fortuits à la charge exclusive du fermier.

C'est par un ensemble de mesures de ce genre que l'agriculture, relevée dans son crédit, exonérée de redevances et de taxes ruineuses, et débarrassée des usages surannés qui l'entravent, serait enfin à même de justifier ce mot d'un homme d'État éminent qui disait il y a quelques jours à peine : « L'agriculture, c'est le pays tout entier. Elle est la véritable fortune de la France. »

---

# APPENDICE

Nous avons si souvent parlé de l'Angleterre et de la constitution de sa culture dans l'écrit qui précède, que nous avons cru faire une chose utile en donnant ici quelques formules de baux anglais et le tarif des indemnités qui, dans la plupart des cas, sont la conséquence du droit des locataires, ou tenant-right.

Nous sommes loin de conseiller l'application à la France des coutumes de l'Angleterre; mais nous avons pensé que les hommes spéciaux trouveraient dans les notes qui suivent des indications utiles pour l'éclaircissement d'un problème sur lequel on a déjà considérablement écrit, mais qui est loin d'être résolu.

## NOTE PREMIÈRE

M. Williams, agent du duc de Yarborough, décrit ainsi, dans le journal de la Société d'agriculture d'Angleterre, la coutume du droit du locataire, *tenant-right*, prévalant dans le nord du comté de Lincoln :

Les allocations ordinaires faites dans ce comté, pour améliorations non épuisées, aux locataires qui quittent, se règlent de la manière suivante :

Os en poudre. — Ceci est supposé durer trois ans; et un locataire qui quitte au printemps de 1861, reçoit conséquemment deux tiers du prix de ce qu'il a mis en 1860, considérant l'autre tiers comme ayant été épuisé par la récolte du navet, et un tiers de ce qu'il a mis en 1859 parce qu'il a eu le bénéfice des deux autres dans les récoltes de 1859 et 1860.

On adopte exactement le même principe pour les améliorations suivantes, marquant une différence seulement dans le nombre d'années qu'elles durent :

Marne ou craie, sept ans.

Chaux, cinq ans.

Argile placée sur un terrain sablonneux, quatre ans, et dans certains domaines, sept ans, ce qui est probablement l'allocation la plus avantageuse.

Drainage avec tuiles ou pierres, quand le locataire paye tous les frais, sept ans. Ceci est cependant un cas rare à présent, la coutume étant que le propriétaire procure les tuiles. Dans ce cas le locataire ne reçoit généralement aucune indemnité pour le placement dans le sol s'il a pris une récolte sur le terrain, quoique certainement on devrait lui remettre une partie des frais : car il doit souvent arriver que la récolte ne suffise pas pour payer les frais de labour et de drainage. Il serait probablement juste de mettre ceci au même rang que les os.

Drainage avec gazons et épines, quatre ans. Cette allocation n'est pas, je crois, toujours faite. En effet, cette manière de drainer n'est pas beaucoup pratiquée.

Le locataire est aussi payé du prix coûtant des graines semées le printemps qui précède sa sortie, ainsi que de la main-d'œuvre de l'ensemencement, etc., pourvu qu'elles ne soient pas rentrées après le 1er novembre et qu'elles l'aient été convenablement avant.

Quand des graines sont labourées pour être remplacées par du blé l'automne qui précède sa sortie, il est payé comme pour pâturage jusqu'à la fin de son terme; mais il n'est pas d'usage de faire de remise pour labourage d'éteule de trèfle pour blé, la récolte du blé étant considérée comme devant suivre celle du trèfle.

Pour jachère, sur terrain fort, il a une remise pour labourage et travail exécuté, mais pas pour fermage, ni impôt, à moins qu'il n'ait payé à son entrée. Le montant déboursé pour semence et labour pour blé semé pour celui qui entre en jouissance est certainement toujours payé par ce dernier.

Dans certains domaines, on fait des allocations pour les bâtiments, considérant cette espèce d'améliorations comme pouvant durer vingt ans.

Outre ces allocations, on en a établi une nouvelle dans le domaine de lord Yarborough, pour tourteaux donnés au bétail. On prend pour base de l'indemnité que le fumier est amélioré en valeur de la moitié du prix des tourteaux consommés. Mais pour faire une moyenne exacte de la quantité et du prix, on prend les deux dernières années, et l'allocation est égale au prix des 2/6 de tourteaux consommés la dernière année, et de 1/6 de ceux employés l'année précédente; ce qui fait la moitié de la consommation d'une année.

---

# NOTE DEUXIÈME

## *Table d'indemnité adoptée dans certains comtés sur la recommandation de M. Humbertson.*

| DESCRIPTION DE L'AMÉLIORATION. | CONDITIONS. | COMPENSATIONS A ALLOUER A LA SORTIE. |
|---|---|---|
| 1° OS MOULUS FINS ET OS MOULUS GROS. | Sur un terrain labourable drainé ou naturellement sec. | Deux tiers du prix de ce qui a été employé la dernière année de l'occupation, et un autre tiers de ce qui a été employé l'année précédente. |
| 2° OS EN POUDRE. | Sur pâture ou prairies sèches ou drainées, pourvu qu'elles n'aient pas été coupées ensuite. | 7/8 du prix pour la dernière année, en diminuant de 1/8 pour chaque année qui a suivi l'application. |
| 3° OS RÉDUITS OU GUANO. | Sur un terrain sec et bien drainé. | 1 4 du prix de ce qui a été employé la dernière année pour navets et colza. |
| 4° CHAUX. | Sur un terrain sec ou bien drainé. | 3/4 ..... dernière année.<br>1/4 ..... année précédente. |
| 5°. TOURTEAUX DE LIN. | Consommés dans la ferme. | 3/4 du prix de ce qu'on a consommé la dernière année, pourvu que le fumier ait été conservé dans la cour. |

| DESCRIPTION DE L'AMÉLIORATION. | CONDITIONS. | COMPENSATIONS A ALLOUER A LA SORTIE. |
| --- | --- | --- |
| 6° DRAINAGE. Tuiles fournies par le propriétaire. | Pourvu que les drains ne soient pas à moins de trois pieds dans la terre, à des distances régulières; qu'ils aient été placés sous la surveillance du propriétaire ou de ses agents, et qu'ils soient en bon état. | 4/5 des dépenses faites pour creusement, placement, remblai, la dernière année de l'occupation, et diminuant de 1/5 pour chaque récolte depuis que le drainage a été fait. |
| 7° DRAINAGE. Tuiles fournies par le locataire. | Mêmes conditions que ci-dessus. | 6/7 des dépenses de la dernière année, et diminuant de 1/7 pour chaque récolte après le drainage. |
| 8° BATIMENTS NEUFS OU MURS. Matériaux fournis par le propriétaire. | Construits sous la direction et avec l'approbation du propriétaire ou de son agent, d'après un plan convenu. | 9/10 des dépenses pour la dernière année de l'occupation, et diminuant de 1/10 pour chaque année d'occupation après l'élévation. |
| 9° ÉTANGS. | Mêmes conditions que ci-dessus. | 9/10 des dépenses faites la dernière année pour remplir ou creuser, diminuant de 1/10, etc. |
| 10° BATIMENTS OU MURS NEUFS. Matériaux fournis par le locataire. | Mêmes conditions que ci-dessus, en supposant que le locataire les entretienne et les laisse en bon état. | 19/20 du prix de ceux de la dernière année, diminuant de 1/20 pour chaque année d'occupation après l'élévation. |
| 11° CLOTURES NOUVELLES D'AUBÉPINE. Poteaux et barres fournis par le propriétaire. | Pourvu qu'elles aient été convenablement protégées et nettoyées. | 9/10 des dépenses de la dernière année, diminuant de 1/10 pour chaque année, etc. |

| DESCRIPTION DE L'AMÉLIORATION. | CONDITIONS. | COMPENSATIONS A ALLOUER A LA SORTIE. |
|---|---|---|
| 12° TRÈFLE ET FOURRAGES ARTIFICIELS. | Pourvu que de bonnes graines aient été semées d'une manière convenable, qu'elles n'aient pas été pâturées et piétinées par le bétail. | Facture des graines semées la dernière année. |

---

# NOTE TROISIÈME

Convention faite ce jour en l'an de notre Seigneur mil huit cent . . . . . entre le très-honorable Charles Anderson Worsley, comte de Yarborough, par Stephen Gilbons de Brocklesby, dans le comté de Lincoln, gentleman, son homme d'affaires, d'une part;

Et . . . . . dans l'île de Wight, et comté de Southampton, d'autre part :

Ledit comte de Yarborough convient par ce présent acte d'affermer et louer, et ledit . . . . . convient par ce même acte de prendre et occuper toute la maison et dépendances, ou maison de ferme, et les terres de la ferme, cottages, bâtiments et lieux y appartenant, situés et étant sur la paroisse de . . . . . , dans l'île de Wight, et comté de Southampton (dit précédemment), ordinairement appelés la ferme de . . . . . , contenant . . . . , comme il est plus particulièrement énoncé et décrit dans l'inventaire ci-annexé, pour un an, du onze octobre . . . . . et ainsi de suite d'année en année; ce bail finira à la fin de la première année ou de quelque année suivante, sur notification préalable faite par écrit douze mois à l'avance, donnée par le propriétaire ou le locataire, et sous la rente annuelle de . . . . . , payable par trimestre en portions égales, le six janvier, le six avril, le six juillet, et le onze octobre chaque année ; le premier payement en commencera et sera fait le six janvier prochain.

Ledit . . . . . convient de payer par ces présentes lesdites rentes suivant les réserves et termes plus haut, et aussi tous impôts, taxes et impositions qui peuvent être mises sur lesdits lieux, excepté l'impôt foncier, la dîme sur les mutations, et les taxes sur la propriété du seigneur.

Le preneur convient aussi de faire assurer les bâtiments pour la valeur de . . . . .

Il régira et cultivera la terre en bon père de famille durant son bail, n'ayant pas plus de la moitié de la terre arable ensemencée en blé, en plantes légumineuses dans l'année, sans le consentement écrit dudit propriétaire ou de son homme d'affaires.

Il maintiendra et gardera en bonne condition de réparations locatives, et ce à ses frais et dépens, ladite maison et dépendances ou maison de ferme, bâtiments, et cottages, toutes les portes, clôtures, barrières, fossés et cours d'eau, y compris la fourniture de tous matériaux, et laissera le tout dans le même état et condition quand il quittera et en abandonnera la possession. Pourvu que et jusqu'à ce que lesdits bâtiments, portes et clôtures seront toujours mis en parfait entretien par le propriétaire, celui-ci fournira une quantité suffisante de bois brut, briques, pierres, tuiles et chaux, mais aucun autres matériaux, pour telles réparations qui peuvent être nécessaires, et afin que dans le cas d'orages, tempêtes ou autres accidents inévitables de la nature, le propriétaire répare et rebâtisse à ses frais propres, le locataire charriera gratuitement tous les matériaux.

Chaque année de son bail il se procurera et conduira, sans aucune allocation . . . . . charges de bonne paille de blé sèche, à S. Lawrence ou autres parties de la propriété où il en sera requis par le propriétaire ou son homme d'affaires.

Il charriera aussi gratis, chaque année, de la ville de Newport à S. Lawrence ou autres parties de la propriété où il en sera requis . . . . . tonnes de charbon.

Il ne détruira pas ni ne convertira en culture aucune prairie ou terre à pâturage qui a été mise en herbe plus de sept ans, sans le consentement écrit du propriétaire ou de son agent.

Il ne pourra élaguer, étêter, abattre ou déraciner aucun tronc. ou arbre de haute futaie, croissant ou à croître sur ladite ferme, et tolérera et préservera tous jeunes arbres.

Il ne récoltera pas plus d'un acre de choux ou turneps pour un acre de grains.

Il ne vendra aucun engrais qui puisse être fait ou amené sur les lieux, mais l'emploiera en bon père de famille sur les terres affermées.

Il ne sous-louera aucune partie (excepté les cottages et jardins aux laboureurs *bouviers*) sans le consentement écrit du propriétaire ou de son agent.

Il ne vendra pas plus de . . . . . tonnes de fourrage, trèfle ou sainfoin, ni plus de . . . . . charges de la paille récoltée dans l'année. Il dépensera l'argent provenant de ces ventes dans l'achat de tourteaux ou autre nourriture artificielle, ou en os, guano ou autres engrais artificiels qui seront consommés et employés sur la ferme, et il consommera la part restante du fourrage, de la paille et autres nourritures sur ladite ferme. A chaque demi-année il remettra au propriétaire ou à son agent un compte fidèle de ces ventes, de même celui de la nourriture artificielle ou de l'engrais acheté avec leur produit.

Il ne vendra ni fourrage, paille ou autre nourriture après notification de résiliation du bail par l'une ou l'autre des parties, excepté au suivant locataire.

Il laissera la dernière année de son bail un quart, au moins, des terres arables qui ne seront pas ensemencées de sainfoin, propres à la nourriture de turneps ou à une récolte de vert, et abandonnera au locataire suivant une moitié de cette terre le premier décembre, et la moitié restante le premier février avant de quitter. Il laissera aussi un autre quart de la terre arable pour le blé, et permettra au suivant locataire d'entrer en possession d'une moitié de ce quart le premier septembre avant de quitter. Il abandonnera aussi au suivant locataire le six avril de cette dernière année, s'il en est requis, la moitié des écuries et un tiers des hangars, et il fournira aussi bon et suffisant logement pour un serviteur du suivant locataire.

Il permettra aussi la dernière année de son bail, au propriétaire ou à son suivant locataire, de semer, parmi le blé, les graines de gazon ou de trèfle qu'il jugera convenable ; il lui permettra aussi de herser légèrement, et de rouler ces graines en la manière habituelle et pratiquée en culture.

Il ne pourra couper ou endommager le produit de ces graines de gazon ou de trèfle après la récolte du blé, ni en nourrir aucun bétail ou le faire pâturer, excepté par des porcs convenablement entravés (*properly ringed*).

Et il est en outre convenu entre lesdites parties que ledit locataire aura la jouissance de la cour à meules et du grenier, afin de serrer son blé et ses graines jusqu'au premier mai, après l'expiration du bail ; et le locataire entrant fera battre et apprêter le blé récolté pendant la dernière année du bail, avant ledit premier mai, quand il le jugera à propos, et après le délivrera sur l'avis par écrit du locataire sortant, à tel temps n'excédant pas quatre jours, et à tel endroit n'excédant pas dix milles du château, comme il sera ordonné : pour rémunération du battage, nettoyage et de la délivrance, il prendra la paille et autres fourrages pour son propre usage, sans aucun payement.

Le locataire entrant prendra le foin récolté durant la dernière année du bail, à un prix qui sera fixé par les arbitres ou leur tiers, comme il sera ci-après fait mention.

Et ledit comte de Yarborough convient par le présent acte avec ledit . . . . . , ses exécuteurs, administrateurs et ayants droit, qu'à l'expiration du bail créé par ces présentes, lui ou son suivant locataire payera et allouera audit . . . . . pour améliorations permanentes apportées, et pour engrais artificiels utilisés sur ladite ferme, après la date de ceci, telle somme d'argent qui sera décrétée par évaluation, suivant les règles et principes suivants :

*Pour drainage*, le propriétaire fournissant les tuyaux et le locataire exécutant tout le travail durant la dernière année du bail : toute la valeur du travail. Pour drainage durant l'avant-dernière année, trois quarts de la valeur du travail; et ainsi de suite, en diminuant d'un quart pour chaque année qui se sera écoulée depuis la date de l'ouvrage jusqu'à l'époque de quitter la ferme.

*Pour drainage*, le locataire fournissant les tuyaux et toutes dépenses, l'allocation s'étendra à douze ans.

*Pour marnage et crayage*, l'allocation s'étendra à dix ans.

*Pour chaulage*, l'allocation s'étendra à quatre ans.

*Pour os*, l'allocation s'étendra à quatre ans.

Dans chaque cas l'allocation sera calculée sur le même principe, à savoir diminuant annuellement en proportion de la période d'emploi.

*Pour guano* où une seule récolte a été prise, moitié de la dépense.

*Pour tourteaux de lin*, employés pour nourrir le bétail ou les moutons sur la terre, l'allocation sera d'un tiers de la dépense de ce qui aura été employé la dernière année, et un sixième de la dépense de ce qui aura été employé dans les années antérieures à la dernière année du bail.

Mais aucune gratification ne sera due pour toute nourriture artificielle ou engrais acheté avec le produit de la paille et du foin dont la vente a été ici plus haut autorisée.

Pourvu que, pour ce qui regarde le drainage et le marnage, le travail ait été fait avec la sanction par écrit du propriétaire ou de son agent, et ce dans de bonnes conditions.

Et il est enfin consenti par et entre lesdites parties que preuve de la dépense étant donnée à la satisfaction des arbitres, les différentes allocations dites précédemment seront précisées et fixées par deux personnes désintéressées, dont une sera choisie par le locataire sortant et l'autre par le propriétaire ou son suivant locataire, et en cas de désaccord, par une tierce personne, qui sera désignée par les arbitres avant de commencer leurs opérations; et de cette allocation sera déduite telle somme, s'il y a lieu, que les arbitres ou leur tiers jugeront raisonnable et convenable pour endommagement ou non-réparations des bâtiments, clôtures, portes, barrières ou cours d'eau.

En témoignage de cela, lesdites parties présentes ont apposé leurs mains sur l'acte les jours et an ci-dessus.

Le comte de Yarborough.

(Par son agent),

---

## NOTE QUATRIÈME

Convention faite ce jour. . . . . mil huit cent. . . . . entre. . . . . de. . . . . dans le north-riding du comté d'York Esquire, et. . . . . de. . . . . dans la paroisse de. . . . . dans le comté de. . . . .

Ledit. . . . . convient par ce présent acte de louer audit. . . . . son exécuteur et administrateur, et ledit. . . . . convient de prendre pour lui-même, ses exécuteurs et administrateurs toute la ferme appelée. . . . . dans la paroisse de. . . . . dans le comté de. . . . . ainsi que les bâtiments, enclos et dépendances en faisant partie, maintenant occupée par. . . . . et contenant, par estimation. . . . . acres, ou environ.

Hors et se réservant audit. . . . ., ses héritiers et ayants droit, toutes les mines et minéraux sous et sur lesdits lieux, avec plein pouvoir de rechercher, gagner et faire travailler; comme aussi de se procurer de l'argile et du sable, de faire des briques et des tuiles et de les enlever, de prendre un espace suffisant pour déposer et mettre en place les matériaux tirés desdites mines, liberté d'établir des machines et constructions et faire tout ce qui est nécessaire pour obtenir ces mines ou toutes autres et y faire travailler; liberbé de passage et de faire et réparer routes, chemins de fer, canaux ou cours d'eau pour tel usage que ce soit; et aussi se réservant tous arbres, bois et taillis avec leur sol et herbage, et liberté, en tout temps, de couper, élaguer et enlever ces mêmes, de faire des plantations et d'enclore toute partie des lieux pour tout autre dessein; ledit. . . . . payant pour le dommage occasionné par l'usage des libertés énoncées plus haut; et aussi se réservant en tout temps durant le bail plein et exclusif, pouvoir de chasse à courre, à tir et de pêche sur ces lieux, d'en régler les conditions, et de dessécher et drainer toute partie des mêmes terres et lieux, et d'autoriser toutes personnes à faire ces travaux.

Occuper la partie en culture desdits lieux à partir du 14 février. . . . . la partie en pâturage à partir du 6 avril. . . . . et le reste desdits lieux à partir du 30 mai. . . . . pour et durant le terme d'un an; et ainsi de suite d'année en année, mais se terminant à la fin de la première année ou de toute suivante sur notification écrite donnée par l'une ou l'autre des parties six mois d'avance.

Payant pour cette occupation annuelle la rente de . . . . par année : et aussi en outre payant la rente de. . . . . pour avoir les taupes attrapées ou détruites sur ladite ferme, ledit. . . . . s'engageant par ces présentes de traiter avec une personne compétente pour détruire les taupes sur toute la propriété, y compris tous bois et plantations; lesdites rentes seront payées par payements égaux de demi-année, le premier sera dû et payable le 11 octobre. . . . . et le second le 6 avril suivant; et aussi en outre la rente de dix livres par acre pour toute prairie ou terre à pâturage qui sera labourée et mise en culture sans en avoir d'abord obtenu le consentement écrit dudit. . . . . ou de son agent reconnu, la première moitié de cette rente de dix livres par acre sera due et payable en entier avec la rente de la première demi-année qui sera due et payable aussitôt après que ladite prairie ou terre à pâturage aura été labourée et mise en culture comme dit plus haut, et aussi en outre de la rente ou somme de. . . . ., pour cent pour toute somme qui sera dépensée et consacrée par ledit. . . . . ses héritiers ou ayants droit, à l'entier desséchement de tout ou partie de ladite ferme, avec tuyaux, pierres ou autres matériaux, le payement de la première demi-année de ladite rente ou somme de. . . . . pour cent sera dû et payable aussitôt après qu'une récolte aura été prise sur ladite terre, qui aura été entièrement drainée comme dit plus haut.

Il est entendu que si ledit. . . . . ses exécuteurs ou administrateurs, ne payent pas lesdites rentes sous quinze jours lorsqu'elles auront été réclamées, ou louent ou cèdent tout ou partie desdits lieux, ou deviennent faillis ou insolvables, ou entrent en arrangement avec leurs créanciers, ou autrement se désaisissent de la possession de tout ou partie desdits lieux, par opération de loi ou autrement, ou ne se conforment pas aux stipulations ici énoncées, qu'alors ledit. . . . . ses héritiers ou ayants droit, rentreront sur lesdits lieux, et ledit. . . . . ses exécuteurs et administrateurs quitteront paisiblement et rendront la possession des lieux, et cette convention et le terme accordé par le présent acte seront de nul effet.

Et ledit. . . . . pour. . . . . héritiers, exécuteurs et administrateurs, par ces présentes stipulent, promettent, et conviennent avec ledit. . . . . ses héritiers et ayants droit, dans la manière suivante ; c'est-à-dire, de payer lesdites rentes ci-dessus mentionnées, et aussi toutes contributions, impôts, redevances et impositions du parlement et de la paroisse, excepté la dîme sur le prix de la rente, la taxe sur la terre, et la taxe sur les biens du propriétaire, de garder et laisser en entière réparation toutes les maisons, bâtiments, portes, barrières, clôtures, haies, fossés, drains, cours d'eau et toute autre chose appartenant auxdits lieux, excepté les principaux murs et charpentes, ledit. . . . . fournissant ou payant pour pierres, briques, tuiles et bois brut ; de curer, nettoyer et approprier convenablement, au moins une fois en trois ans, tous les fossés sur ladite ferme ; de faire la toilette et réparer convenablement chaque année toutes les haies et clôtures sur ladite ferme, et aussi d'entretenir les clôtures environnant les bois et plantations après qu'elles auront été mises en bon état par ledit. . . . . de ne pas élaguer ou couper les haies en toute manière qui soit jugée impropre ou hors de saison par ledit. . . . ., ou son agent ; de ne pas élaguer ou faire tort à tous arbres à bois croissant sur lesdits lieux, ni de vendre ou disposer de toute haie, paille ou fourrage vert venant desdits lieux, sans le consentement écrit dudit. . . . . ou de son agent, mais de les convertir en engrais, qui sera employé ou répandu sur quelque partie ou parties desdits lieux, où cela sera le plus nécessaire et convenable, excepté celui fait dans la dernière demi-année dudit terme qui sera laissé pour l'usage dudit. . . . ., ou de son suivant locataire ; de ne pas épuiser les pâturages desdits lieux dans la dernière année dudit terme d'une quantité plus grande qu'il n'est en usage sur ladite ferme ; de permettre audit. . . . . ou à son suivant locataire, de semer du trèfle ou semences d'herbages sur la terre semée d'une dernière récolte, de rouler ou faire à la herse cet endroit, et aussi de rentrer en possession et labourer la terre destinée à la jachère, après le 25 novembre précédant l'expiration de ladite location; d'exécuter annuellement. . . . . jours de bon travail avec un attelage de deux chevaux en plus et une charrette et charriot; exempts de tous frais, comme et lorsque le dit. . . . . ou son agent, le demanderont et l'indiqueront; de cultiver, entretenir et garder ladite ferme et lieux dans un ordre convenable et coutumier de culture; de ne pas prendre deux récoltes blanches (*White crops*) successivement, sans permission écrite dudit. . . . . ou de son agent reconnu, mais une jachère entière ou une récolte de fèves, pois, turneps, navette, ou trèfle pour séparer; de ne pas planter plus de. . . . . acres de pommes de terre, de ne semer ni chanvre, ni lin et de consommer sur la terre avec du bétail toute récolte de navette y semée; de renvoyer toute personne qui n'a pas permission écrite de chasse à courre, à tir, pêche, sport ou violant la propriété d'autre manière; et de citer et poursuivre cette même personne, quand il en sera requis par ledit. . . . . ses héritiers ou ayants droit, ces derniers indemnisant ledit. . . . . de tous frais.

Et ledit. . . . . pour lui-même, ses héritiers ou ayants droit, stipulent et conviennent avec ledit. . . . . exécuteurs et administrateurs, qu'il sera et peut être légal à et pour ledit. . . . . exécuteurs et administrateurs (en payant les rentes et accomplissant les stipulations et conventions énoncées plus haut) :

D'avoir, tenir, posséder et jouir paisiblement et tranquillement de tous et seuls lieux avec leurs dépendances, avec les restrictions plus haut, durant ledit terme, sans entrave, poursuite, empêchement, éviction, ou interruption dudit. . . . . ses héritiers ou ayants droit, ou de toutes autres personnes, réclamant contre lui; et aussi d'avoir à l'expiration dudit terme une récolte de fin de bail n'excédant pas un tiers de la terre en culture, qui était en jachère, en turneps, pommes de terre, ou navette, l'été précédent, et l'usage de la ferme et de la grange en tous temps raisonnables jusqu'au 14 février après l'expiration du bail, pour battre la récolte, de manière à fournir un approvisionnement régulier de paille fraîche, à et pour l'usage dudit. . . . . ses héritiers et ayants droit.

Et il est ici déclaré et convenu que toutes contestations quant à l'interprétation de cette convention, ou quant à l'exécution par lesdites parties des conditions ici contenues, seront arrangées et tranchées par deux personnes impartiales; une d'elles sera désignée par écrit de la main dudit. . . . . ou par son agent, et l'autre par ledit. . . . . exécuteurs ou administrateurs, ou par un tiers arbitre qui sera nommé par lesdits arbitres rapporteurs; ces derniers se réuniront dans les dix jours de la notification écrite de l'une et l'autre partie, et après qu'un tel arbitrage aura eu lieu, aucune des parties ne pourra la révoquer sans le consentement de l'autre; la mort de l'une ou l'autre ne pourra amener cette révocation; et pendant l'espace de dix jours après qu'une telle contestation se sera élevée et après qu'une demande écrite d'arbitrage aura été faite par l'une à l'autre partie, cette dernière partie faisant défaut à la demande, alors sur ce défaut la partie faisant la requête et ayant elle-même demandé un arbitrage peut utiliser un arbitre au nom des deux parties, et peut entendre et trancher les difficultés de la contestation. Dans ce cas la sentence de ce seul arbitre sera définitive et sans appel.

En témoignage. . . . . le. . . . . mil huit cent. . . . .

*Note.* Ledit. . . . . pour lui-même et ses représentants, propriétaires de la ferme et terres ci-dessus mentionnées, louées audit. . . . . convient par ces présentes et s'engage avec ledit. . . . . à condition qu'il a rempli et gardé les conventions précédentes, et que ladite ferme a été bien et convenablement cultivée, selon la teneur du contrat, que dans le cas où il quittera ladite ferme, ledit. . . . . ou son prochain locataire, payera ou allouera, dans le délai de trois mois du jour du départ audit. . . . . ses exécuteurs et administrateurs ou ayants droit, pour telles améliorations qui sont spécifiées dans l'inventaire ci-après, et qui seront faites sur ladite ferme après la date de cette convention, les différentes proportions des sommes dépensées relativement, mentionnées dans ledit inventaire; assujetti cependant aux conditions relatées dans cet inventaire et assujetti aussi à la condition que ledit. . . . . ses représentants, propriétaires de ladite ferme, déduiront des différentes sommes toute rente qui sera due au moment de son départ de la ferme, et toutes sommes quelconques qui seront trouvées par l'arbitre dudit. . . . . et l'arbitre dudit. . . . . réunis comme dit plus haut, ou le tiers choisi par eux comme il est dit précédemment, nécessaires et convenables pour faire face et payer toutes dégradations sur ladite ferme et lieux, en quelque partie que ce soit.

# INVENTAIRE

## DES ALLOCATIONS A FAIRE POUR AMÉLIORATIONS.

| DESCRIPTION DES AMÉLIORATIONS. | CONDITIONS Y ATTACHÉES. | COMPENSATION ALLOUÉE A LA SORTIE. |
|---|---|---|
| 1° POUSSIÈRE D'OS ET OS D'UN DEMI-POUCE. | Sur terre entièrement drainée ou naturellement sèche. | 2/3 de la dépense dans la dernière année du bail, et 1/3 de la dépense l'année précédente. |
| 2° OS DISSOUS OU GUANO. | Même clause conditionnelle. | 1/3 de la dépense la dernière année du bail, pour turneps ou navette. |
| 3° POUR CHAUX. | Même clause conditionnelle. | 3/4 de la dépense la dernière année du bail, et diminuant 1/4 pour ce qui sera usé dans chacune des deux années précédentes. |
| 4° DRAINAGE. Les drains étant fournis par le propriétaire. | Pourvu que les drains soient placés à non moins que trois pieds de profondeur, à des distances régulières, et qu'ils soient en bon et parfait état de fonctionnement à l'expiration du bail. | 4/5 de la dépense du creusage, de la pose et du remplissage la dernière année du bail, et décroissant de 1/5 pour chaque récolte prise sur la terre où ces drains auront été posés précédemment. |
| 5° DRAINAGE. Le locataire fournissant les drains. | Même clause que la précédente. | 6/7 de la dépense entière la dernière année du bail, et diminuant de 1/7 pour chaque récolte prise sur la terre où des drains auront été posés précédemment. |
| 6° NOUVEAUX BATIMENTS. Le propriétaire fournissant pierres, tuiles, briques, chaux et bois brut. | Pourvu que ces travaux soient faits sous la direction dudit... ou son agent, et suivant les plans et devis approuvés par eux. | 9/10 de la dépense faite l'année précédant l'expiration du bail, et décroissant de 1/10 pour les travaux faits chacune des huit années précédentes. |

| DESCRIPTION DES AMÉLIORATIONS. | CONDITIONS Y ATTACHÉES. | COMPENSATION ALLOUÉE A LA SORTIE. |
|---|---|---|
| 7° NOUVEAUX BATIMENTS. Le locataire fournissant tous les matériaux. | Même clause que la précédente. | 19/20 de la dépense faite l'année précédant l'expiration du bail, en diminuant de 1/20 pour les travaux faits chacune des dix-huit années précédentes. |
| 8° NOUVELLES CLOTURES D'ÉPINE BLANCHE | Pourvu qu'elles aient été convenablement protégées et nettoyées. | Toute la dépense faite durant les trois dernières années du bail, diminuant de 1/4 pour celle faite chacune des quatre années précédentes. |
| 9° LABOURAGE SOUS TERRE AVEC CHARRUE FOUILLEUSE. | Sur terre entièrement drainée ou naturellement sèche, pourvu que cela soit fait à non moins de seize pouces de profondeur par un temps sec, et sous la direction dudit ... ou son agent. | 2/3 de la dépense du labourage sous terre seulement après une récolte prise, et 1/3 après une seconde récolte prise. |
| 10° TOURTEAUX DE LIN. | Consommés par le bétail dans les derniers six mois du bail. | 1/3 de la dépense d'achat. |
| 11° COMPOTS LAISSÉS SANS EMPLOI SUR LA FERME. | Pourvu qu'ils aient été faits six mois avant de quitter. | Le prix de la main-d'œuvre et de toute la chaux y ajoutée. |
| 12° GRAINE DE LIN ACHETÉE. | Même clause que la précédente. | 1/4 de la dépense d'achat. |
| 13° POUR TRÈFLE ET GRAINES D'HERBAGE SEMÉES AU PRINTEMPS AVANT DE QUITTER. | Pourvu que la graine ait bien crû et que les plantes n'aient pas été endommagées par le pâturage et foulées aux pieds par les bestiaux. | Toute la dépense d'achat. |

Assujetti cependant et sous cette condition expresse, que ledit. . . . . donnera dix jours d'avance avis audit. . . . . ou son agent, de son désir de faire de telles améliorations relativement aux articles 4, 5, 6, 7, 8 et 9 du tableau précédent, et que ledit. . . . . aura l'autorisation écrite dudit. . . . . ou son agent, relativement à ces améliorations, avant de les faire; et après l'achèvement de chaque amélioration contenue dans le tableau ci-dessus, ledit. . . . . présentera dans les trois mois son compte par écrit de toute la dépense, qui, étant trouvé exact, sera certifié par l'agent, et les détails en seront inscrits sur un livre qui sera affecté à cet usage.

Comme témoignage ma main ce. . . . . mil huit cent. . . . .

---

## NOTE CINQUIÈME.

Convention faite ce. . . . . mil huit cent. . . . . entre. . . . . d'une part.

Et. . . . . d'autre part; pour ledit d'occuper la maison et dépendances, bâtiments et terres, dans la paroisse de. . . . . dans le comté de. . . . . avec leurs appartenances, ci-après mentionnés et décrits, c'est-à-dire :

| NOMS DES CHAMPS. | QUANTITÉS OU DESCRIPTION. | QUALITÉ. | OBSERVATIONS. |
|---|---|---|---|
| | | | |

Contenant ensemble. . . . . acres ou environ, sous les réserves et exceptions en faveur dudit. . . . . ses héritiers et ayants droit, de toutes mines, minéraux, et carrières, gros bois et autres arbres, rejetons et jeunes pousses qui peuvent devenir des arbres, croissant et à croître sur les lieux, pour un an, du. . . . . 18. . . . . et ainsi de suite d'année en année, finissant à la fin de la première ou de toute suivante, sur avis par écrit donné six mois d'avance, soit par le propriétaire ou le locataire, au loyer annuel de. . . . . payable en quatre payements égaux, le. . . . . le. . . . . le. . . . . et le. . . . . excepté celui après avis de quitter; le loyer de la dernière demi-année sera considéré dû et payable le (trois mois avant le jour du départ). . . . .

PROPRIÉTAIRE.

1° Payer la taxe sur la terre.
2° Fournir les matériaux pour toutes principales réparations de bâtiments, excepté la paille pour couvrir.
3° Avoir la faculté, en tout temps, pour lui, ses serviteurs et amis, d'entrer sur lesdits lieux, ou sur toute partie, dans le dessein de chasse au faucon, chasse à courre, pêche et sport, faisant aussi peu de dommage qu'il est possible.
4° Avoir la faculté en tout temps opportun pour lui, ses régisseurs ou agents et autres autorisés par lui, d'entrer sur les lieux dans le dessein d'en constater l'état, la condition et la culture; et aussi dans le dessein de marquer, vendre aux enchères ou par contrat privé, tous bois de construction et arbres, de planter les coins et recoins, de creuser et tirer pierres et minéraux, ou autres produits des mines et carrières, et dans tous autres desseins raisonnables, faisant aussi peu de dommage que possible.

LOCATAIRE.

1° Payer le loyer suivant la réserve ci-dessus, et payer toutes contributions de paroisse et taxes, excepté la taxe sur la terre.
2° Ne pas céder ou sous-louer, en un mot se dessaisir de la possession desdits lieux, ou d'aucune partie, sans le consentement préalable du propriétaire et par écrit.
3° Couvrir de chaume et faire toutes réparations nécessaires aux bâtiments, et fournir toute paille nécessaire pour cela, et aussi faire le charroi de tous matériaux pour réparations, et maintenir, garder et laisser toutes les clôtures, portes et barrières desdits lieux *en bonne réparation de location*, et les fossés et cours d'eau convenablement nettoyés, et plus spécialement faire tels

ouvrages tombant sous cette clause dont le propriétaire ou son intendant donneront avis un mois d'avance.

4° Laisser sur les lieux toutes les constructions établies maintenant ou à y établir, en bonne réparation locative, sans aucune allocation pour celles qui pourraient être bâties, à moins d'une convention spéciale.

5° Fournir annuellement, gratis, s'il en est requis, audit. . . . . ses héritiers ou ayants droit. . . . . charges de bonne paille de blé (variant suivant la grandeur de la ferme), et aussi aller chercher chaque année à une distance raisonnable de. . . . . dit précédemment. . . . . charges de charbon, bois ou autre combustible, pour l'usage et la consommation dudit. . . . . ledit. . . . . étant indemnisé des dépenses de voyage des attelages et des hommes employés au charroi de ce combustible.

6° Payer la rente additionnelle de cinq livres pour chacun des jours qu'il occupera les lieux, ou toute partie de ceux-ci, après le temps de les quitter.

7° Payer annuellement la rente additionnelle de trente livres par acre, et ainsi en proportion pour toute quantité moindre qu'un acre, des terres qui seront cédées, ou sous-louées, ou dont la possession sera partagée, et de toute prairie ou terre à pâturage (y compris toutes terres qui auront été laissées en herbe plus de trois ans comme prairie ou terre à pâturage) qui seront brûlées, détruites ou mises en culture, fauchées ou occupées contrairement à cette convention, et de toute partie de la terre arable qui sera occupée contrairement au système ou termes de gestion spécifiés dans cette convention, sans le consentement préalable et par écrit du propriétaire.

8° Régir la terre appelée arable en cours régulier de bonne culture, de sorte que 1/5 sera en jachère pendant l'été et amendé, un autre cinquième semé de bon trèfle ou semences d'herbes; et si la part en jachère est semée de turneps ou autres récoltes vertes, elles seront consommées sur la terre où elles auront crû : . . . .

9° Ne faucher aucune terre en herbage deux années successives, excepté les prairies régulières, et y mettre de l'engrais après le fauchage, si cela est praticable, et ne pas faire aller les chevaux ou lourd bétail dans les pâturages pendant la saison des pluies.

10° Engranger, mettre en meule et loger sur lesdits lieux, tout le blé, graines et fourrages croissant ou à y croître; et y consommer, dans les cours et non ailleurs, tout le fourrage, paille et autre produit de la ferme; et chaque année conduire, déposer et répandre sur lesdits lieux, ou sur quelque partie où il en sera plus besoin, tout le fumier produit dans ces cours; ou, en cas de non exécution, payer la somme de (dommages et intérêts variant selon la grandeur de la ferme) comme dommages-intérêts.

11° Laisser le fumier provenant de la récolte de la dernière année, et tout autre qui n'aurait pas été charrié au moment de quitter, dans les cours de la ferme ou de toute autre partie convenable, pour l'usage du propriétaire, sans aucune indemnité pour cela; ou, en cas d'infraction, payer la somme de. . . . . comme dommages-intérêts.

12° N'élaguer, étêter ou émonder aucun arbre, excepté les têtards habituellement élagués, ni clouer des barres contre les arbres; entretenir les haies et curer les fossés y attenant, en bon père de famille, laissant à ces fossés quatre pieds de largeur et trois pieds de profondeur; n'élaguer aucun têtard ou arbre, si ce n'est huit ans après la dernière coupe; ou, en cas de défaut à l'une des stipulations précédentes, payer pour chaque cas la somme de. . . . . comme dommages-intérêts.

13° Préserver et défendre tous jeunes chênes, frênes, aulnes et autres arbres qui croissent ou à croître sur toute partie desdits lieux, jusqu'à la limite de son pouvoir; ou, en cas de défaut, payer la somme de. . . . . comme dommages-intérêts.

14° Eloigner par un avis écrit toutes personnes non autorisées par le propriétaire à entrer sur les lieux ou toute partie de ceux-ci, dans le dessein du sport ou pour se servir de toute route ou chemin non établis par la loi; et s'il est requis par le propriétaire d'agir ainsi, étant indemnisé des dépens, poursuivre ces violateurs du droit de propriété; et ne garder aucun chien de chasse de quelque espèce que ce soit; ou, en cas de défaut de l'un des cas ci-dessus, payer la somme de. . . . . comme dommages-intérêts.

Daté le. . . . . mil huit cent. . . . .

Témoins. . . . .

# NOTE SIXIÈME.

Conditions de location d'une ferme appelée. . . . . dans le comté de. . . . . appartenant à. . . . . contenant par estimation. . . . . ou environ.

La ferme doit être prise pour un terme de. . . . . années, commençant le premier jour de mai mil huit cent. . . . ., au loyer annuel de. . . . ., payable par moitié d'année ; le locataire payera toutes contributions (excepté l'impôt sur la rente en remplacement des dîmes et la proportion du propriétaire de la taxe sur la propriété).

Les champs suivants doivent être gardés et laissés en herbage permanent, c'est-à-dire :

NOM ET DESCRIPTION DES CHAMPS.

| NOM DES CHAMPS. | QUALITÉ OU DESCRIPTION. | QUANTITÉS. |
|---|---|---|
| | | |

Desquels. . . . . acres doivent être gardés non pâturés depuis et après le premier mars précédant la fin du bail.

Le reste de la terre doit être travaillé par un cours régulier et approuvé de culture, c'est-à-dire :

. . . . . acres de jachère par année,
. . . . . acres de blé,
. . . . . acres de nouveaux herbages,
. . . . . acres d'herbages de seconde année.

Le locataire ne doit pas prendre deux récoltes de blé en suivant, ou semer du blé sur la même terre deux fois en quatre ans.

Les constructions, clôtures, portes, fossés et cours d'eau (excepté les planchers, murs principaux et charpentes des bâtiments) doivent être gardés et laissés en bonne condition par le locataire, qui payera un intérêt annuel au taux de cinq pour cent par an pour toute dépense faite par le bailleur ; et aussi pour toutes constructions ou autres améliorations permanentes qui n'ont pas été stipulées au commencement du bail. Tous les bâtiments seront assurés contre l'incendie par le locataire, de manière à couvrir sa responsabilité.

La machine à battre sera achetée par le locataire en entrant sur les lieux, d'après l'évaluation de. . . . . personnes choisies en la manière ordinaire ; la valeur en sera payée douze mois après l'achat, et à la fin du bail on en fera, de la même manière, une nouvelle estimation dont le bailleur acquittera la valeur.

La dernière récolte de blé appartenant au locataire sortant sera achetée au moment de la moisson et récoltée par les bailleurs, ou le locataire entrant, d'après l'estimation de personnes réciproquement choisies, selon l'usage en ce cas, une allocation raisonnable étant faite pour moissonner, battre etc., et payée en trois versements partiels, c'est-à-dire le 11 novembre, le 2 février et le 12 mai suivant, ou en telles sommes et à telle époque que les arbitres choisiront et indiqueront. Des garanties seront accordées pour le payement si elles sont demandées, et il en sera usé de cette manière entre le locataire sortant et le locataire entrant, à chaque changement d'occupation. Si le locataire faisait banqueroute ou devenait débiteur insolvable, ou faisait un transfert au bénéfice de ses créanciers, ou manquait de semer les terres arables en blé pour une dernière récolte et en temps convenable, les bailleurs auraient plein pouvoir de rentrer en possession des lieux, et après cette rentrée ladite clause ci-contenue cesserait et serait annulée.

La terre laissée en jachère la dernière année du bail sera labourée par le locataire sortant en temps convenable durant l'hiver, pas plus tard que la fin de décembre ; le travail étant fait d'une manière suffisante et satisfaisante, le locataire en sera payé au taux de sept schellings par acre. Cependant, si quelques contestations s'élevaient quant à l'exécution du travail, ou de toute autre condition et stipulation ici contenues, elles seraient référées à la décision d'arbitres, en la manière ordinaire en pareil cas.

Les allocations suivantes seront faites au preneur par les bailleurs ou leur suivant locataire, pour améliorations inépuisées à la fin du bail, pourvu que les stipulations et conventions contenues dans cet acte aient été remplies, c'est-à-dire :

Pour chaux mise sur la terre avec la sanction des bailleurs, dans la dernière année du bail, le tout du prix d'achat au four; dans la seconde année avant la fin, moitié dudit prix; dans la troisième année, un tiers, et dans la quatrième année, un quart du prix.

Pour l'achat d'os non dissous, engrais ou vidanges consommés sur la terre avec la même sanction, le prix d'achat sera réparti sur les trois dernières années du bail dans les proportions suivantes, c'est-à-dire : moitié la dernière année, un tiers la seconde, et un quart la troisième année précédant la fin du bail.

Le locataire n'est pas autorisé à planter plus de. . . . . acres de pommes de terre chaque année, à moins que ce ne soit suivi par une jachère ou récolte de jachère; dans ce cas, il pourra planter. . . . . acres; il ne peut mettre en turneps ou en graine de navette une quantité plus grande que la ferme ne peut consommer, sans la permission par écrit.

Le locataire sèmera, avec un mélange convenable de trèfle et de ray-grass, toute la terre qui viendra en ordre d'être semée le printemps précédant la fin du bail.

Le locataire entrant payera toute graine d'herbes croissant sur ladite ferme à son entrée, les herbes qui auront été gardées intactes et non mangées depuis et après le premier octobre précédant cette entrée; et il gardera intacts et non mangés depuis et après le premier octobre suivant précédant la fin de son bail. . . . acres de terre semés de graines d'herbes durant les derniers quinze mois du bail, lesquelles semences seront payées par les bailleurs, ou le prochain locataire; et il conduira à ses propres frais tous les matériaux pour drains, constructions, etc., qui peuvent être requis.

Le locataire laissera tout engrais restant sur les lieux et celui fait depuis et après le onze novembre précédant la fin du bail, pour l'usage et au profit du suivant locataire; mais il conduira et disposera en tels endroits qu'il lui sera indiqué telle portion de cet engrais qu'il sera convenable d'enlever des cours. Payement de ce travail sera fait par le locataire entrant, selon la décision de deux arbitres, s'il n'en est pas convenu autrement.

## AMENDES POUR INFRACTIONS DE CONVENTIONS.

Pour chaque acre de terre non arrangé comme il est stipulé ci-dessus, la rente additionnelle de l. 10.

Pour chaque acre de turneps ou semences de navette mise sans permission, la rente additionnelle de l. 30.

Pour chaque charge de foin, paille et turneps vendus sans permission ou un équivalent satisfaisant en achat d'engrais, la rente additionnelle de l. 1. . . . . convient de prendre ladite ferme aux termes et conditions ci-dessus mentionnés. Et. . . . . convient par les présentes, sur requête par lesdits commissaires, leur receveur, comptable ou agent, de faire un bail de ladite ferme conformément à cet acte, lequel dit bail contiendra aussi toutes réserves de bois, minéraux, chasse, sport, et telles stipulations, conditions et amendes qui sont habituellement contenues dans les baux de fermes appartenant auxdits commissaires. Et. . . . . convient ici de payer le droit de timbre sur ledit bail, et, en cas de refus d'exécuter ledit bail, quand il sera requis comme il est dit plus haut, . . . . . conviennent par ces présentes d'annuler cette convention, et le premier mai suivant de quitter ladite ferme en cas qu'il en soit en possession, et de payer auxdits commissaires telles rentes qui peuvent être dues et tels dommages-intérêts auxquels la non-exécution de cette convention pourrait donner droit.

Comme témoignage. . . . .

Mil huit cent. . . . .

*Témoins à la signature. . . . .*

---

# NOTE SEPTIÈME.

## BAIL (LEASE) DU PAYS DE GALLES.

Termes et conditions de location d'une ferme située dans la paroisse de. . . . . dans le comté de. . . . .

Le soussigné (de 1re part) convient de louer, et moi (le soussigné de 2e part) convient à prendre pour un an, commençant le jour de. . . . . mil huit cent. . . . . la maison et dépendances, terres, lieux appelés. . . . . occupés en dernier lieu par. . . . . au loyer annuel de. . . . . et telles autres redevances ci-après désignées, lesdites terres et lieux étant particulièrement décrits dans l'inventaire suivant :

| N° | LIEUX. | CULTURE. | QUANTITÉ. |
| --- | --- | --- | --- |
| | | | |

Et il est ici consenti que le locataire doit continuer pendant un an, commençant comme il est dit plus haut, et après d'année en année, jusqu'à le. . . . . jour de. . . . . suivant après l'expiration de six mois à partir du moment où l'avertissement aura été donné par l'une ou l'autre des parties de son intention de terminer cette location; et il est en outre consenti que si ledit. . . . . continue la possession des lieux après la location, cela sera déterminé par un avis comme il est dit plus haut, à moins que ce ne soit prévu par les dernières conditions de cette convention, alors que ledit. . . . . sera dès lors un locataire des lieux à la semaine, et payera une rente par semaine de. . . . . aussi longtemps qu'il continuera une telle possession. Que la rente annuelle plus haut consentie sera payée moitié par année le 25 de mars, et le 29 de septembre, excepté la rente pour la dernière demi-année de ladite location, qui sera payée le. . . . . et recouvrable, en cas de gêne, d'avance.

Que tous bois de construction et arbres, mines et minéraux, et tout droit de pêche et de chasse sont réservés au propriétaire.

## CONDITIONS

### QUE DOIVENT OBSERVER LE LOCATAIRE,

#### SES EXÉCUTEURS ET ADMINISTRATEURS.

Ils payeront toutes contributions, impôts, titres, charges et impositions dus maintenant, ou qui seront dus à l'avenir, sur lesdits lieux, excepté la taxe sur les revenus (*income-tax*).

Ils feront amener les matériaux pour la réparation des bâtiments et fourniront de la bonne paille de blé pour couvrir les bâtiments, s'ils en sont requis, et sans en être payés.

Ils ne pourront, sans le consentement écrit du propriétaire ou de son agent, vendre, déplacer ou souffrir d'être déplacés, tout fourrage, paille, chaume ou engrais de la ferme, sous peine d'une amende de trente livres pour chaque infraction à cette disposition; mais à l'expiration du bail tout le fumier, la paille et le chaume non consommés sur la ferme appartiendront au propriétaire ou à son prochain locataire, sans compensation; ils ne pourront non plus, sous la même pénalité, vendre, déplacer ou souffrir d'être déplacées aucune racine ou récoltes vertes, mais les consommer sur les lieux.

Ils laisseront sur la ferme, pour le propriétaire ou son prochain locataire, tout le fourrage qui ne sera pas consommé à l'expiration du bail; la valeur de. . . . . tons en sera reconnue comme il est ci-après spécifié, et le reste du fourrage au-dessus de. . . . . tons sera laissé sur les lieux sans compensation.

Ils auront soin, s'ils en sont requis par le propriétaire, de livrer chaque année à son hôtel (maison). . . . . tons de la meilleure paille de blé; le propriétaire allouant et convenant de payer au prix de l 1. 10 s. pour chaque ton de paille ainsi délivrée.

Ils n'ensemenceront pas à la fois plus d'un quart de la terre arable en blé, et un quart en autres céréales, ni ne prendront plus de deux récoltes de céréales sur la même terre durant chaque espace de quatre ans de la location.

La dernière année de la location ils sèmeront en orge un quart de la terre arable et souffriront que le propriétaire ou son suivant locataire sème du trèfle ou d'autres semences de la même espèce; et ils sèmeront aussi une autre quatrième partie de la terre arable de turneps, qui seront payés comme il est ci-après mentionné.

Ils ne détruiront aucune prairie ou terre à pâturage.

Dans le cas où le locataire, ses exécuteurs ou administrateurs sèmeraient plus de céréales que la proportion ci-dessus indiquée, ou détruiraient les terres à herbages, ou enfreindraient l'ordre de culture ici spécifié, ils payeront la redevance ou somme de dix livres pour chaque acre ainsi enfreint ou détruit, en outre du loyer ci-dessus convenu.

Ils ne pourront sous-louer ni céder aucune partie des locaux, ou affermer de la terre à qui que ce soit, sans le consentement du propriétaire.

Dans le cas où le propriétaire construirait à leur requête quelque nouveau bâtiment, ou addition à ceux existant à présent sur la ferme, ou dépenserait à leur demande quelque argent en drainage, ils payeront intérêt à cinq pour cent de cet argent ainsi dépensé, à partir du jour du payement de ces débours; ce taux pour cent étant dès lors considéré, comme partie du loyer sera recouvrable de la même manière que le loyer.

Il sera loisible au propriétaire de rentrer en possession et de casser le bail, si tout ou partie des loyers ci-dessus mentionnés sont arriérés de trente et un jours, ou qu'on n'ait pas à objecter un malheur suffisant arrivé sur les lieux, ou si le locataire devient failli ou insolvable, ou se laisse arrêter ou mettre en saisie-exécution lui et ses biens.

## CONDITIONS

### QUE DOIT OBSERVER LE PROPRIÉTAIRE.

Le propriétaire payera l'*income-tax*.

Le propriétaire réparera et entretiendra toutes les constructions existant en ce moment sur la ferme.

Le propriétaire ou le suivant locataire payera la récolte des turneps qui sera sur la terre à l'expiration du bail; la valeur, ainsi que celle du fourrage, en sera fixée par deux estimateurs impartiaux qui en débattront le prix; en cas de désaccord, ils choisiront un tiers arbitre, dont la décision sera définitive.

Il sera loisible pour le locataire, ses exécuteurs et administrateurs, de tenir et de garder en possession la grange et la cour à meules jusqu'au jour de. . . . . prochain après l'expiration de son bail, pour le mettre à même de battre le blé et les grains qui ont crû sur la ferme.

Daté le. . . . . mil huit cent. . . . .

Témoins.

# NOTE HUITIÈME.

*Les droits du locataire sortant, en Belgique.* (*Provinces de Flandre orientale et occidentale; provinces d'Anvers et de Brabant.*) (1)

Dans ces provinces belges, l'usage appelé *droits des fermiers* remonte à une haute antiquité. Son but est d'établir lors de la sortie du fermier une balance entre ce qu'il a reçu à son entrée et ce qu'il abandonne à sa sortie; lui rembourser la différence s'il y en a une en sa faveur, ou la lui faire payer s'il y a déficit; évaluer enfin les travaux et avances que le fermier laisse à sa sortie et les faire payer, le cas échéant, par le fermier entrant.

Dans les pays belges où cet usage existe, on dit que ce principe « hautement équitable » satisfait non-seulement aux exigences de la chose publique en prévenant la détérioration périodique du sol qui se reproduit à chaque remise de ferme, mais qu'il est aussi la consécration de la solidarité qui lie le propriétaire et le fermier, lorsque leurs intérêts réciproques sont compromis. Pour le propriétaire, ce mode de liquidation est un usage certain du maintien sinon de l'augmentation, mais de la fécondité et du bon traitement du sol; quant au fermier, il lui garantit le remboursement de ses améliorations et de ses travaux en cas d'éviction. De plus, dans les localités où la terre est très-morcelée, où de nombreux locataires afferment par bail verbal souvent annuel et sont exposés à recevoir congé aux termes d'échéance déterminés par les usages locaux, l'existence de ces droits du fermier les met à l'abri de toute surprise, et un congé inattendu, signifié inopinément, ne peut les effrayer.

L'évaluation des récoltes croissantes s'établit par des experts en faisant le relevé des façons de cultures exigées, des frais d'ensemencement, etc. La diversité des cultures, les façons variables auxquelles on peut soumettre chacune d'elles, les usages,

(1) Cette note provient en partie de renseignements puisés soit dans un journal belge, *l'Agronome*, soit dans le *Journal de la Société centrale de Belgique*. Le surplus a été puisé par nous sur les lieux mêmes, en Flandre et dans le Brabant.

l'époque de la sortie, font varier les bases de cette estimation.

Ces bases varient surtout d'une manière importante en ce qui concerne les engrais en terre.

On distingue sous ce rapport, dans la pratique flamande, les engrais en terre, c'est-à-dire appliqués et enfouis, en *pleins-engrais*, parmi lesquels on comprend les fumiers appliqués aux récoltes en croissance lors de la sortie du fermier, et en *arrière-engrais*, dénomination qui s'applique aux fumiers non absorbés.

Les pleins-engrais sont donc formés par les dernières fumures nouvelles sur lesquelles il n'a pas encore été obtenu de récoltes. Ils sont évalués, en tenant compte du prix du marché du fumier ou de sa valeur fertilisante, de son état de préparation, des frais de transport variables suivant la situation et l'éloignement des pièces fumées, des frais d'épandage et d'enfouissement. Le prix ainsi obtenu est payé intégralement, d'après l'expertise contradictoire, au fermier sortant.

Les arrière-engrais se distinguent :

1°. En *premier arrière-engrais*, par lequel on comprend la quantité d'engrais ou la fertilité, si l'on peut s'exprimer ainsi, qui reste dans le sol après en avoir obtenu une première récolte. Ce premier arrière-engrais permet souvent de compter sur une nouvelle récolte sans nouvelle fumure.

2°. En *deuxième arrière-engrais*, qui est représenté par la qualité de la fumure restant dans le sol après qu'elle a fourni un second fruit.

Relativement à l'importance de cet arrière-engrais, on admet généralement que le premier arrière-engrais est équivalent à la moitié d'une bonne fumure, c'est-à-dire que la première récolte obtenue a enlevé la moitié de la fécondité qu'elle a apportée au sol. Le deuxième arrière-engrais a une valeur représentée par la moitié de celle du premier arrière-engrais, c'est-à-dire par le quart de la fumure dont il dérive, souvent aussi par une indemnité fixe de 21 francs à l'hectare.

Ainsi par exemple, en supposant qu'un fermier sortant en 1866 ait appliqué à un hectare de racine fumé en 1864, la quantité de 40,000 kil. de fumier de ferme, voici comment s'établirait le compte de liquidation à sa sortie en mai 1866 :

| | |
|---|---|
| 40,000 kil. fumier de ferme à 8 fr. le mille. . . . | 320 fr. » |
| Frais de chargement (0,25 par 1,000 kil.) transport (1 fr.) épandage et enfouissement (0,20 c. par 1,000 kil.) . . . . . . . . . . . . . . . . | 58 |
| Prix de revient de la fumure appliquée. . . . . | 378 fr. » |

D'après les données qui précèdent, il restait en terre, après la récolte des racines, une somme de richesse dérivant de la fumure appliquée représentée par la moitié de la valeur du premier arrière-engrais, soit. . . . . . . . . . . . . 189 fr. »

De sorte qu'il reste en terre en mai 1866, après la deuxième récolte, et faisant retour au fermier entrant en mai, un second arrière-engrais ayant une valeur de. . . . . . 94 fr. 50 représentant l'indemnité à payer au fermier sortant pour la fumure dont il s'agit.

Telle est la loi de l'épuisement du fumier de ferme dans les terres sablonneuses des environs de Gand et du pays de Waes.

C'est dans cette dernière région surtout que le second arrière-engrais, au lieu d'être estimé au quart de la fumure complète, est généralement indemnisé par le chiffre fixe de 21 francs l'hectare. Il est aussi des localités où l'on accorde une indemnité de 30 francs par hectare après navets en récolte dérobée obtenue comme second fruit sur fumure complète. La même indemnité est accordée dans les environs d'Alost après fourrages verts sur racines comme seconde récolte de l'année.

On voit, d'après ce qui précède, qu'un fermier entrant peut être obligé envers son prédécesseur à l'indemniser non-seulement du chiffre des fumiers appliqués la dernière année du bail et n'ayant pas encore servi à produire de récolte, mais encore pour la même pièce, d'une part variable de fumure enterrée depuis un certain nombre d'années.

Ces bases de liquidation résultent presque exclusivement d'anciens règlements encore en vigueur dans beaucoup de localités, et d'après lesquels il est payé, à titre d'indemnité au fermier sortant, la moitié de la valeur des engrais qui ont servi à produire une récolte de printemps et le tiers après des récoltes d'hiver. Dans les fruits d'hiver se rangent, quoique ce soient des récoltes d'été, l'avoine, la betterave, le sarrasin, le tabac, et souvent aussi l'orge et les féveroles.

L'indemnité de sortie se détermine un peu différemment dans les parties méridionales des Flandres. Ainsi à Ypres et à Courtray, on ne paye au fermier sortant que le tiers de la valeur des engrais ayant déjà produit récolte. La nature du sol justifie peut-être jusqu'à un certain point cette différence.

En moyenne, dans le sud des deux provinces flamandes, où la sortie des fermes a lieu en octobre, c'est-à-dire peu de temps avant l'application des fumiers, le droit du fermier sortant s'applique essentiellement à des engrais donnés l'année précédente, c'est-à-dire déjà à moitié épuisés, et l'indemnité pour les fumiers non absorbés varie de 70 à 88 fr. l'hectare. Dans les environs de Gand et le pays de Waes, où l'époque des changements de ferme arrive vers Noël ou le 1er mars, l'indemnité pour engrais et arrière-engrais monte parfois jusqu'à 300 fr. et au delà par hectare.

En Brabant les indemnités réunies peuvent s'élever de 2 à 600 fr. l'hectare pour les propriétés agricoles, et, pour y avoir droit, le fermier sortant doit avoir cultivé jusqu'au dernier moment en bon père de famille, et comme s'il ne devait pas être évincé ; si l'expertise démontrait qu'il y a eu négligence, aucune indemnité ne serait accordée.

Comme on ne peut s'en rapporter, dans l'appréciation des quantités de fumier appliquées, à l'affirmation du fermier sortant qui a tout intérêt à grossir des chiffres qui doivent entrer en ligne de compte dans la fixation de l'indemnité, les baux, et en leur absence les coutumes des Flandres et du Brabant, ordonnent expressément que tout fermier, avant de fumer les terres qu'il tient en location pour la deuxième année de bail ou qu'il fume pour la dernière fois, est tenu d'en donner avis en temps utile au propriétaire. Ce dernier peut alors s'assurer par lui-même ou déléguer des experts chargés de vérifier si le fermier remplit ses obligations. C'est ainsi que l'on prévient la fraude inévitable qu'amèneraient les prétentions de fermiers peu scrupuleux qui prétendraient, lors de l'expertise contradictoire de fin de bail, que les terres avaient été convenablement traitées et fumées.

L'indemnité s'étend aussi aux engrais artificiels et à quelques autres cas ainsi :

*Tourteaux*. Dans les environs de Menin et de Werwicq, où il est fait un grand usage de tourteaux comme engrais pour le tabac, on indemnise le fermier sortant après une seule récolte, de 1/8 ou de 1/10 de la valeur des tourteaux appliqués.

*Guano*. Il est fréquemment alloué une indemnité de sortie pour application de guano, notamment après des années sèches, et généralement on évalue la somme à payer au fermier sortant au tiers de la valeur du guano consacré à une récolte de printemps et au quart après une récolte d'hiver. Cette pratique n'est cependant pas générale.

*Chaux*. Il est des localités dans les régions sablonneuses, où il n'en est nullement tenu compte dans l'indemnité de sortie à payer au fermier sortant. Ailleurs, on la considère comme épuisée après une deuxième ou une troisième récolte. Plus généralement on accorde indemnité de ce chef, et on amortit le capital chaux en terre, en quatre ou cinq années; en le faisant passer successivement aux 10/21, 6/21, 5/21 et au 1/21 de la valeur primitive après la deuxième, troisième, quatrième ou cinquième récolte.

*Cendre de Hollande, de bois, de tourbes*, etc.

On indemnise le fermier sortant de la moitié de leur valeur après une première récolte. Après une deuxième récolte, on admet comme restant en terre la moitié de la valeur du premier arrière-engrais. Les cendres et le fumier sont donc soumis au même mode de liquidation.

*Engrais liquides*. On les considère généralement comme absorbés après la première récolte. Toutefois, il est des localités où l'on admet aussi un arrière-engrais.

Appliqués à une récolte en croissance dont profitera le fermier entrant ou à une terre non ensemencée, on indemnisera le fermier en raison des quantités employées et au prix de 25 à 50 centimes l'hectolitre. Dans les environs de Gand, une application de purin est fréquemment payée 75 fr. à l'hectare.

*Trèfle*. Un trèfle réussi est considéré comme ayant enrichi le sol d'une certaine quantité de détritus qu'on évalue ordinairement à la moitié d'une bonne fumure ordinaire, et dont on indemnise le fermier sortant.

*Impôt foncier et fermage*. On indemnise également, dans plusieurs localités, d'une partie du fermage et de l'impôt foncier dus pour l'année courante.

C'est ainsi que, dans les environs de Gand, on tient compte au fermier de 43°/°, ailleurs d'une année de fermage et de l'impôt foncier, des pièces ayant porté du lin, du colza, etc., lorsque ces cultures n'ont pas été suivies d'une récolte dérobée. Le fermier n'a joui du fonds que pendant cinq mois de l'année.

Pour les champs ayant porté une récolte enlevée en août (céréales), on accorde, à titre d'indemnité de sortie, un tiers de fermage et de contribution foncière; pour ceux dépouillés en septembre (féveroles, pois), il est accordé un quart, et pour ceux devenus libres en octobre (racines, sarrasin, tabac), un sixième.

Telles sont les bases d'après lesquelles se déterminent les indemnités de sortie dans la prisée flamande. Ces évaluations, aussi nombreuses que les fermes elles-mêmes, donnent à la culture flamande un cachet anglais qui ressemble au tenant-right formant le fond du système agricole britannique. Il est rare que les évaluations ou prisées suscitent des contestations : ces évaluations ont lieu à l'amiable et sans bruit. Le plus souvent un seul expert, quelquefois plusieurs experts priseurs sont choisis par les parties ou nommés d'office par le juge de paix : les chiffres arrêtés par les experts ainsi nommés sont définitifs et sans appel.

Jusque dans ces derniers temps, il était d'usage que celui qui réclamait le payement de l'indemnité de sortie devait prouver qu'il l'avait lui-même payée au commencement du bail; mais un arrêt rendu en 1863, par la cour suprême de Belgique, a décidé qu'en tout état de cause l'indemnité de sortie était due au fermier sortant pour travaux et engrais, quand bien même il n'en aurait pas payé à son entrée et que le bail n'en stipulerait pas.

---

# TABLE DES MATIÈRES

## III



## IV



## V



## VI



## VII

## VIII



## IX



## X

## XI



## XII



## XIII



## XIV



## XV

## XVI



## XVII



## XVIII



## XIX



## XX



## XXI

## APPENDICE.



---

3808. — PARIS. IMPRIMERIE JOUAUST, RUE SAINT-HONORÉ, 338.

www.ingramcontent.com/pod-product-compliance
Ingram Content Group UK Ltd.
Pitfield, Milton Keynes, MK11 3LW, UK
UKHW020317250726
13967UKWH00004B/1775